河南省"四优四化"科技支撑行动计划丛书

优质西瓜轻简化种植技术

主编 史宣杰 杨 凡 马 凯 蔡毓新

中原农民出版社
·郑州·

图书在版编目（CIP）数据

优质西瓜轻简化种植技术／史宣杰等主编．—郑州：中原农民出版社，2020.12（2023.3重印）

ISBN 978-7-5542-2344-4

Ⅰ．①优… Ⅱ．①史… Ⅲ.①西瓜－瓜果园艺
Ⅳ.①S651

中国版本图书馆CIP数据核字（2020）第225599号

优质西瓜轻简化种植技术

YOUZHI XIGUA QINGJIANHUA ZHONGZHI JISHU

出 版 人：刘宏伟

选题策划：段敬杰

责任编辑：韩文利

责任校对：王艳红

责任印制：孙 瑞

装帧设计：杨 柳

排版制作：河南海燕彩色制作有限公司

出版发行：中原农民出版社

地址：郑州市郑东新区祥盛街 27 号　　邮编：450016

电话：0371-65788651

经　　销：全国新华书店

印　　刷：辉县市伟业印务有限公司

开　　本：787mm×1092mm　1/16

印　　张：9

插　　页：4

字　　数：150 千字

版　　次：2021 年 3 月第 1 版

印　　次：2023 年 3 月第 3 次印刷

定　　价：20.00 元

如发现印装质量问题，影响阅读，请与印刷公司联系调换。

编 委 会

主　编　史宣杰　杨　凡　马　凯　蔡毓新

副主编　常高正　程俊跃　申战宾

编　委（排名不分先后）
　　　　陈建峰　陈绘利　赵秀山　吉　淼　米国全
　　　　牛莉莉　师恭曜　宋万献　唐艳领　位　芳
　　　　程习锋　王海梅　张金叶

目录
Contents

一、概述

1. 什么是西瓜轻简化种植技术?

西瓜轻简化种植技术是一种以"节本降工、提质增效"为目的,综合利用现代化科学技术,在保持产量不变或有所提高的前提下,通过优良品种的选择、优质种苗的培育、轻简化种植配套设施设备、小型机械机具及信息化技术的应用,简化操作环节,降低用工强度,减少用工数量,提高水分、肥料和药物利用效率的一种种植技术。依靠机械化、数字化、智能化设施装备,对西瓜栽培种植过程进行优化和改进,简约物资、用工的投入,最终形成一种科学、高效、轻简的西瓜种植技术体系,进而实现西瓜的规模化、产业化生产。

2. 西瓜轻简化种植的优势有哪些?

西瓜种植过程技术环节较多,包括良种选择、整地施肥、壮苗培育、合理密植、水肥管理、植株调整、采收、储运等,管理费时费工,效率低且劳动强度大。通过西瓜轻简化种植技术的应用,可以实现由资源消耗型种植向科技推动型种植的转变,提高西瓜生产技术水平,改善生产经营条件,进而提高土地产出率和劳动生产率,保证质量,减轻劳动者的工作强度,最终达到增产增收、提质增效的目的。

3. 西瓜轻简化种植的主要内容有哪些?

(1)塑料大棚、日光温室等栽培设施的有效利用 塑料大棚、日光温室等栽培设施的有效利用是西瓜轻简化种植的重要先决条件,可以为西瓜的正常生长提供适宜的温度、湿度、光照等环境因素。不同类型的栽培设施性能不同，效果也有很大差异，在西瓜轻简化种植过程中，应根据栽培季节、栽培方式、资源条件等因素综合考虑，因地制宜，选择最适宜的栽培设施。

（2）设施环境调控和设施装备的有效利用　设施环境调控是指对光照、温度、湿度、空气等种植条件的调节。通过加温系统、通风降温系统、湿度调节设备等设施环境调控和设施装备的有效利用，满足西瓜正常生长发育的要求。

（3）优质西瓜品种的选择　人们常说的优良品种，就是指在一定地区，或一定的栽培条件下表现出产量高、品质好，或具有较高经济价值的品种。作为西瓜的优良品种，应具备丰产性、抗逆性、适宜熟性、商品性、营养品质、耐储运等优良性状。

（4）优良种苗的培育　农以种为先，育苗是关键。通过优良种苗的培育，可以在气候不适宜育苗的季节，利用设施、设备以及先进的生产技术，人为地创造适宜的环境条件，培育出健壮的秧苗，在气候适宜时再进行移栽。通过集中播种、集中管理，提高劳动力和能源的利用率。在人为控制的最佳条件下，充分利用自然资源，采用科学化、标准化的技术管理措施，运用机械化、自动化手段，形成快速、优质、高产、高效生产种苗的工业化流程，节约土地、减少人力投入。

4. 提倡精简化栽培技术的意义是什么？

近年来，随着社会的发展和产业结构调整升级，人工成本越来越高。随着农村劳动力大量转移，"谁来种地""怎么种地"，成了亟待解决的问题。而轻简化栽培技术就是在产量不减的前提下，利用机械代替人工，通过简化种植管理，减轻劳动强度、减少作业环节和次数，利用农机化和农艺有机融合，以机械代替人工、节本增效，促进作物生产可持续发展，让农民实现"快乐种植"。

二、西瓜轻简化种植设施设备

西瓜轻简化种植设施设备是指在西瓜栽培种植过程中所能用到的相关设施设备的统称。按照功能的不同可以分为栽培基础设施、环境调控设备、育苗设备及种植管理设备等。只有了解和掌握各类设施设备的性能、特点、用法及注意事项，才能更好地服务于生产，实现西瓜的轻简化种植，达到"增产增收、提质增效"的目的。

1. 塑料大棚的主要类型有哪些？

塑料大棚的高度一般在1.8米以上，跨度7～12米，面积可大可小，但一般都应在1亩（1亩≈667米²）左右。塑料大棚由拱架上覆盖塑料薄膜构成，保温性能优于小棚和中棚，但不如日光温室。不过与日光温室相比，其结构简单，建造容易，投资较少，土地利用率高，操作方便。

塑料大棚由于各地用材、面积大小不同，主要有竹木结构，水泥支柱、竹木和钢筋混合结构，金属线材焊接支架或镀锌钢筋结构等。现在主要介绍适用于西瓜轻简化种植的3种塑料大棚的基本结构及性能。

（1）混合结构塑料大棚　混合结构的塑料大棚是指混合使用水泥、钢材、竹木建材而建成的塑料大棚，比纯竹木结构大棚增强了牢固性和使用耐久性，成本也增加一些，如用水泥立柱、角铁或圆钢拉杆、铁丝压膜线的结构，棚内可减少立柱根数，这样减少了遮阴程度和方便轻简化作业。但要注意，两根立柱间横架的拉杆要与立柱连接紧实；两根拉杆上设短柱，不论用木桩或钢筋做短柱，上端都要做成"Y"形，以便捆牢拱杆（竹片或细竹竿），而且短柱一定要与拉杆捆绑或焊接结实，使整个棚体牢固。水泥立柱断面为12厘米×10厘米，内有6毫米直径的钢筋4根，或用8号铁丝代替，立柱顶端留"Y"形缺口，以便架设拱杆,缺口往下5厘米和30厘米处各留孔眼或凸起,供架设拉杆和固定拱杆之用,如图2-1、图2-2所示。

图2-1 混合结构的塑料大棚

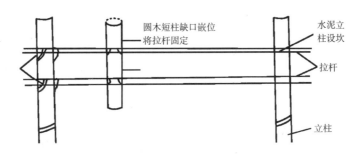

图2-2 立柱、拉杆、短柱连接

（2）无柱钢架塑料大棚 这类大棚在城市郊区应用普遍,大棚一般宽10~14米,长60~80米,中高2.5~3米,占地面积600~800米^2。由于棚内无支柱,拱杆用材为钢筋,因此,遮阴少,透光好,便于操作,有利于机械化作业,轻简化种植,坚固耐用,使用寿命长,但一次性投资较大。一般用直径12~16毫米的圆钢筋直接焊接成"W"形花架当拱梁。上、下弦之间距离为40~50厘米,用8~10毫米钢条做成"W"形排列,把上、下弦焊接成整体。为使整体牢固和防止拱架变形,在纵向用4~6条拉杆焊接在拱架下弦上,两端固定在两侧的水泥墩上,如图2-3所示。

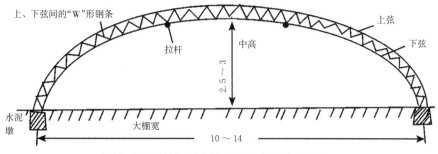

图2-3 无柱钢架大棚横切面（单位：米）

（3）无柱钢管架组装式塑料大棚 这是以薄壁镀锌钢管为主要骨架用材，由厂家生产配套供应用户组装即可。单拱时拱杆间距0.5～0.6米，双拱时拱杆间距1～1.2米，上、下拱之间用特制卡夹夹住，并固定拱杆。底脚插入两侧土中30～50厘米固定，顶端套入弯管内，纵向用4～6排拉杆与拱杆固定在一起，有特制卡销固定拉杆和拱杆，成垂直交叉。为了增加棚体的牢固性，纵边4个边角部位可用4根斜管加固棚体。棚体两端各设1个门，除门的部位外，其余部位约4排横杆，上有卡槽，用弹簧条嵌入卡槽固定塑料薄膜。有的棚在纵向也用卡槽固定塑料薄膜，但一般多用专用扁形压膜线压紧塑料薄膜。有的还有手摇卷膜装置，供大棚通风换气时开闭侧窗膜用。这类大棚外观美，整齐，内无立柱，便于操作和机械作业。使用寿命长，但一次性投资较大，每亩地需万元以上，如图2-4所示。

图2-4 无柱钢管架组装式塑料大棚

2. 日光温室的主要类型有哪些?

日光温室完全利用日光作热能来源，再加上良好的保温设施来创造适宜的温度环境，不用加温，节约了能源，故又称节能型温室，因其设施简单，造价低，因此在生产中广泛使用。

北方各地在建造设施方面，都积累了很多的经验，发明创造了适于当地气候条件的节能型日光温室新类型。

（1）长后坡矮后墙日光温室　温室前屋面为半拱形，由支柱、横梁、拱杆（竹片或细竹竿）构成，拱杆上覆盖塑料薄膜。在塑料薄膜上两拱架间设一道压膜线，夜间盖纸被、草苫防寒保温。前屋面外底脚处挖防寒沟，沟内填枯草或干树叶，上面盖土踏实。这种温室，冬季室内光照好，保温能力强，不加温可在冬季进行园艺作物生产。当外界气温降至 -20℃时，室内温度可维持 10℃左右。但 3 月以后，后屋面形成的阴影弱光区大。如图 2-5 所示。

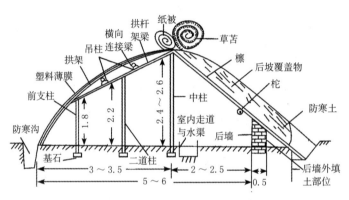

图 2-5　长后坡矮后墙日光温室（单位：米）

（2）短后坡高后墙日光温室　温室的基本结构与矮后墙、长后屋拱形温室类似。这种温室由于后墙比较高，后屋面比较短，不仅冬季光照充足，而且在春、秋季后屋面下的阴影也较小，但由于后屋面短，保温性略次于前者。如图 2-6 所示。

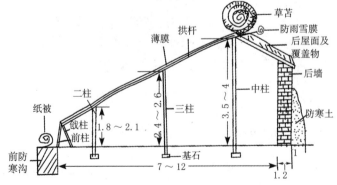

图 2-6　短后坡高后墙日光温室（单位：米）

（3）河南黄淮改良式日光温室　跨度8米，脊高3.3米，后墙高2.8米，前屋面多为竹木结构，后屋面长1.5～1.7米。室内设3排立柱，其优点是造价较低。如图2-7所示。

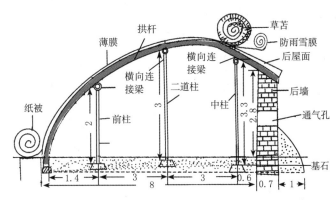

图2-7　河南黄淮改良式日光温室（单位：米）

（4）一斜一立式塑料日光温室　又称琴弦式、一坡一立式温室，如图2-8所示。具有投资少、效益高的特点，但耐久性差。

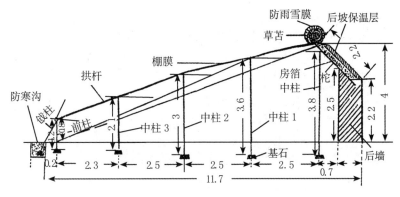

图2-8　一斜一立式塑料日光温室（单位：米）

3. 连栋薄膜温室有何特点？

连栋薄膜温室（图2-9）是一种造价低、保温性能好、利用面积大的经济型温室，广泛应用于园艺作物栽培及种苗培育生产中。高度一般在4.0米以上，跨度一般为8米，肩高3米。面积一般在2 500～3 000米²。大棚结构形式为天沟连接多跨连栋，小圆拱顶结构。配套设备主要包括主体结构、覆盖材料、自然通风系统、外遮阳系统、风机湿帘降温系统、内保温系统、燃气加热系统、水肥一体化自走式喷灌系统、移动式苗床系统、配电系统等。

连栋薄膜温室主体结构采用热镀锌管材，覆盖材料采用塑料薄膜（顶部多采用进口无滴膜、四周多采用进口长寿膜）。主体采用热镀锌轻钢结构。顶部采用双层充气膜或单层膜覆盖，南方多采用单层膜覆盖。内部空间大，风、雪荷载较高，光遮挡较少，同时具有吊挂功能，建造成本相对较低。透光率稳定，不进水汽，抗老化性好，防结露性好；温室采光面积大，温室内光照均匀；内部宽敞明亮，操作空间大，温室利用率高；外形美观，有很强的观赏性，温室有很强的排水能力，可大面积连栋。可应用于科研实验、花卉市场等，也可用于高档花卉种植、种苗繁育。

图 2-9　连栋薄膜温室

4. 玻璃温室有何特点?

玻璃温室（图 2-10）的造价较高，但具有采光效果好，使用寿命长，能耗较小，防雨抗风、自动化程度高等优势。其面积与使用方式可以自由调配，最小的有庭院休闲型，而大的高度可达 10 米以上，跨度可达 16 米，开间最大可达 10 米，智能程度可达到一键控制。适于各种气候条件下使用，多用于瓜果园艺作物种苗的培育及栽培种植、观光休闲等。

图 2-10　玻璃温室

5.加温设备有哪些?

在西瓜设施生产中,冬季加热是保证高效运行的首要条件。加温设备有多种类型,如电热线加温设备、暖气或地热加温设备、热风炉、热水锅炉等几种。一般配合室内散热设备和热媒输送系统组成。

(1)电热线加温设备　电热线加温有地加温和空气加温两种形式。

1)地加温　电热线用 0.6 毫米的 70 号碳素合金钢线作为电阻线,外用耐热性强的乙烯树脂包裹作为绝缘层。控制电热温床的温度,多采用电子继电器控制。管理省工,误差小(±1℃)。

2)空气加温　使用空气电热线加温时,把加热线架设在室内空间,通电即可。

(2)暖气或地热加温设备　暖气加温生产的方式多用于大面积连栋式玻璃温室(图 2-11)。通过烧锅炉使水加热,热水通过温室内管道散热而使室内空气增温,由室内热空气抑制土壤热量散失,保证作物正常生长的需温要求。

1)蒸汽加温　是由锅炉产生的水蒸气,通过管道进入栽培设施内,在散热片上自然降温使空气升温。这种加温方式适于大面积加温,尤其是在温室群的地方,可集中供热,减少分散投资。

2)热水加温　是利用锅炉将水温加热到 80～90℃,热水由管道输送到温室、大棚内,通过散热片把热量辐射至室内,使室内气温升高,保持作物正常生长发育的要求。热水供暖能保持棚、室内温度较均匀,变化较平稳。多限于永久性、大面积的玻璃温室使用,且热效率较低,只有 40%～50%。

图2-11　温室暖气加热管道

3）地下温泉水加温　有地热资源（温泉水）条件的地方可利用地热作能源。钻探地下温泉时，投资较大。这一方式，不断扩大利用，主要是利用其天然的地下热水资源，比用煤炭作为能源经济一些。近几年来，开采地下温泉用于生产的面积不断扩大。使用地下温泉水供热要注意两个问题：一是温泉水低于50℃时，利用可能性小，因热量不足，势必增加散热装置才能保证温室、棚内温度，增加了生产成本，最好选用80℃以上的温泉水。二是温泉水的水质含有害矿物质多，超过国家规定禁用标准时，则不能利用，若加以利用则要有回灌设施，把利用完热量的温泉水回灌入地层中，切忌自由排放入周围的农田，以免危害人、畜。

（3）热风机　热风机是通过热交换器将加热空气通过大功率风机直接送入温室，提高温室的温度。这种设备由于强制加热空气，一般加温的热效率较高，通常安装在温室的一端山墙附近，热风从山墙一侧吹向温室中部。如果温室过长，则需增加传热管道使室温更加均匀。根据热源的不同又可分为电热风机、燃气热风机、燃油热风机、燃煤热风机（燃煤热风炉）。

1）电热风机　如图2-12。

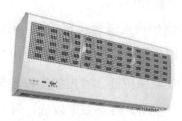

图2-12　电热风机

2）燃气热风机　圆环柱筒形烟、空气夹套式换热器，结构设计独特，框架为热镀锌矩管，外表为热镀锌钢板。换热器材料为不锈钢，换热面积大，排烟温度低，热效率高（图 2-13）。

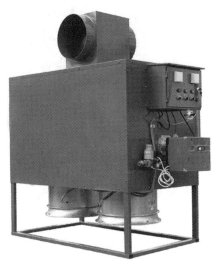

图 2-13　燃气热风机

3）燃油热风机　直燃型热风机，使用柴油或者煤油；气体雾化燃烧，燃烧效果好；强制热风加热，加温迅速，效率高；全自动电子点火；配有过热保护装置，过热停机；带有自动冷却功能，运行时机体表面温度低。优点：使用简单方便；运行经济可靠（图 2-14）。

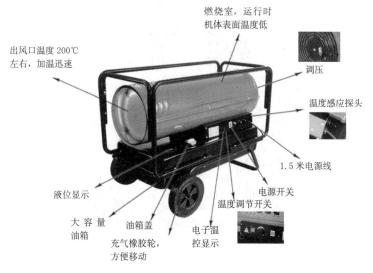

图 2-14　燃油热风机

4)燃煤热风机

A. 全自动燃煤热风机(图2-15)。

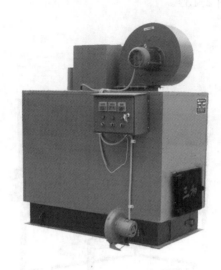

图2-15　全自动燃煤热风机

B. 普通燃煤热风机(图2-16)。

图2-16　普通燃煤热风机

6. 通风降温设备有哪些？

设施通风是从事西瓜种植及种苗培育生产管理中的一项重要技术措施，可以在一定程度上降低棚室的温度和湿度，并适度地提高棚室内二氧化碳的浓度。通风降温系统主要包括自然通风系统、遮阳材料降温系统、湿帘风机系统和喷雾降温系统等。

（1）自然通风系统　通过开启棚室边膜、顶膜的方法，依靠风力和设施外温度起到通风降温的目的。

1）通风口　设置通风口，一是为了补充室内的二氧化碳；二是通风排湿及排出有毒气体，降低室内空气湿度。一般设两排通风口：一排在近屋脊处，高温时易排出热气；另一排设在南屋面前沿离地面1米处，主要是换进气体，太高会降低换气效果，太低会使冷空气进入室内，出现"扫地风"而影响室内作物的正常生长，甚至会出现冷、冻害。

2）手动底部通风设备（图2-17）　采用手动底部通风设备时，通常在温室骨架距离底角0.9～1.4米处，东西向安装一排卡膜槽，可用自攻钉将卡槽固定在骨架上弦；这排卡膜槽的作用主要有两个：一是可以与底角的卡膜槽配合安装防虫网；二是将压膜线抬起，使其平行或略高于骨架上弦，这样有利于卷膜轴在压膜线和骨架之间上下移动。在压膜线和薄膜之间，焊接一排卷轴，可以采用4分（1分＝3.175毫米）或6分国标镀锌管。一般在有工作间的一侧山墙安装手动通风设备，在距底角1.5米处的山墙外侧设置预埋件固定放风设备的轨道管。薄膜用4分卡箍固定在卷轴上，30～50厘米一个。

图2-17　手动底部通风设备

3）手动顶部通风设备（图2-18）

图2-18 手动顶部通风设备

安装方法：顶部通风设备的安装首先要在温室骨架顶点处东西焊接一根4分镀锌管，管距离风口下沿1.2～1.5米，距骨架上弦5～10厘米，每隔一排骨架通过长约5厘米的1寸（1英寸＝25.4毫米）管固定在骨架拉花上，尽量保持4分管在一条直线上，在4分管和1寸管之间抹些黄油减少摩擦。4分管距温室两侧山墙距离为3～4米，在温室入口一侧与通风设备连接。如果安装顶部通风设备的骨架算作第一排，那么从第二排和第三排之间开始安装驱动绳，以后每隔两排骨架安装一组风口驱动绳。安装驱动绳时要将风口开到最大处，并保持风口绳子处于同一条直线。将压膜线专用定滑轮和风口绳驱动器分别固定在压膜线和风口绳上，将驱动绳的两头分别按相反方向紧密缠绕在驱动轴上，注意所有连接风口绳驱动器的驱动绳子的缠绕方向要一致，连接专用定滑轮的驱动绳子的缠绕方向也要一致，绳头绑好后用抗老化胶带缠紧。温室长度超过100米的温室，建议安装三套顶部通风设备，这样的温度管理将更加精确。

（2）遮阳材料降温系统 使用遮阳网外覆盖、内覆盖、内外覆盖的方法，可起到降温的目的。一般从暮春到初秋，育苗设施内过强的光照在温室中形成辐射热，遮阳可以反射部分太阳光，减少热荷载。多选择在育苗室外顶上或室内上部安装遮阳幕，可用铜色塑料膜做温室透光覆盖材料。

遮阳降温设备包括外遮阳和内遮阳设备，主要由动力装置、支撑装置、遮阳网等几部分组成。遮阳网的遮光率越高，降温作用就是越大；反之遮光率低，降温作用小。通常外遮阳网的降温效果优于内遮阳网，可使温度下降 3 ~ 8℃，内遮阳的降温只有在顶端和侧面通风条件均较好时，才能发挥较好的降温效果。作物生长一般需要较强的光照条件，不宜选择遮光率过高的遮阳网，一般在 45% ~ 70%。

（3）湿帘风机系统　利用蒸发降温原理，依靠大量空气运动，来给温室降温，这种系统在温室的一侧墙上安装纸质湿帘，水在湿帘上循环，湿帘对面墙上安排风机，空气进入湿帘后被降温进入温室，再通过排风机排出室外。如图 2-19 所示。

图 2-19　湿帘风机系统

湿帘风机系统主要指湿帘降温装置和风机，分别安装在温室的两侧。风机通常采用低压大流量轴流风机，也就是典型的螺旋叶片式风机。风机运行时温室内产生负压，可以在进风口处形成足够的风速，使室外空气穿过湿帘装置进入室内，并为作物提供连续的流动空气。由于湿帘中水分的蒸发作用，外界空气被降温后进入温室。在流经作物区域时，空气吸收室内热量，温度和湿度增加，然后通过风机排出室外。提高空气流速或限制温室长度可以控制空气温度和湿度上升的比率。一般的通风设计中都采用 1 次 / 分的空气交换率，这个通风量下的空气温度变化不超过 6℃。为达到最好的通风效果，进风口和出风口之间的距离应小于 50 米。

（4）喷雾降温系统　是湿帘降温的一种替代方式，高压下将水雾化，通过引入温室，随着雾滴的蒸发而冷却空气。

7. 湿度调节设备有哪些?

设施内湿度调控可采用加热、通风和除湿等方法。加热不仅可提高室内温度,而且在空气含湿量一定的情况下,空气相对湿度也会自然下降。适当通风将室外干燥的空气送入室内,排出温室内高湿空气也可降低室内空气相对湿度。

(1)除湿机(图2-20) 工作原理是:由风扇将潮湿空气抽入机内,通过热交换器,此时空气中的水分冷凝成水珠,排出机外变成干燥的空气,如此循环使设施内的湿度降低。

图2-20 除湿机

(2)加湿设备 低温季节火炉加温时,会遇到干燥、空气相对湿度过低的问题,此时就要考虑如何加湿的问题。常用的加湿措施有:土壤浇水、喷雾加湿、湿帘加湿等。

1)高压喷雾机 利用专用造雾主机将经过精密过滤处理的水,输送到造雾专用高压管网(耐压14兆帕),最后到达造雾专用喷头喷出成雾。

2)低压雾化喷头 这种喷雾设备对水的压力要求不高,温室内使用的普通水泵和自来水均能满足工作压力,喷头的有效半径一般在0.6~1米,所以安装时喷头之间的距离不能超过喷头的喷雾半径。如图2-21所示。

3)超声波加湿器 超声波加湿器采用高频电子振荡电路,通过换能片产生的超声能量直接作用于水,把电能转化为机械能。而水在强烈的超声空化作用下被雾化,转化过程中无机械运动,雾化的微细水颗粒,经过特殊设计的风道吹送至需加湿的空间,达到加湿的目的。如图2-22所示。

图 2-21　低压雾化喷头

图 2-22　超声波加湿器

（3）循环风机　如图 2-23。

图 2-23　循环风机

在棚室管理过程中，当通风口关闭或外界没有自然风时，尤其是冬季，对于棚室内部空气的循环很重要。循环风机的使用，对保持棚室内温度、湿度和二氧化碳浓度均匀一致是必不可少的，它可以大大减少水滴在作物上凝结，防止病害的发生。

当温室通风系统运行的时候，一般循环风机系统应该停止运行。循环风机对大风量的自然通风通常不能产生多少影响，它的最大价值在于冬季促进密闭温室的室内空气流动，用来使空气循环和除湿。

8. 二氧化碳气体补充设备有哪些?

（1）液态二氧化碳（CO_2）钢瓶（图2-24）　压缩液态二氧化碳保存在高压的金属瓶内，钢瓶压力为11～15兆帕。利用瓶装液态二氧化碳为温室施肥，其浓度能得到精确的控制。

图2-24　液态二氧化碳钢瓶

用户每天在使用时只需打开设备电源及二氧化碳钢瓶，就可以完全自动化运行，不需要人工干预，通风之前要关闭设备电源及气瓶。为节约成本，也可以在一个温室使用后将设备移动到其他温室使用。

（2）二氧化碳发生器（图2-25）　发生器使用液化石油气或天然气为原料，材料来源充足，价格便宜，运行费用低。每千克石油液化气通过充分燃烧反应可产生3千克二氧化碳。每小时可生产3.45千克二氧化碳，燃料消耗1.15千克。一般一个发生器设计的温室面积为1亩左右，每次在供应二氧化碳的同时，也可以提高温室内的温度，这些热量对于寒冷地区的温室，特别是冬季栽培是有益的。当前欧美国家的设施栽培，以采用燃烧天然气增施二氧化碳较为普遍。

图 2-25　二氧化碳发生器

（3）吊挂式二氧化碳气肥袋（图 2-26）　这是一种新型的通过化学反应产生二氧化碳的新方法，由发生颗粒和催化缓释剂两部分组成。发生颗粒由97%～98.5%碳酸氢铵，0.9%～1%的碳酸钠，总体比例为0.12%～0.13%的蓝、红、黄三种颜料配制成墨绿色，比例为0.8%～0.9%的甲醇作为三种颜料稀释剂经搅拌混合而成；催化缓释剂由以硅藻土粉料为载体，在硅藻土粉料载体上浸润—反应的30% 2-甲基-3-异丙基丁醇、16%邻苯二甲酸、40%羟基-甲基-戊酮、14%二甲基酰胺混合组成。使用时发生颗粒和催化缓释剂的配比为100：5。发生颗粒的包装为每个自封袋内装发生颗粒100克＋催化缓释剂5克。使用时将催化缓释剂包装打开后，将催化缓释剂倒在装有发生颗粒的自封袋内，充分混合后，在袋上均匀扎出8～12个孔，封上自封袋后，挂在距离植物冠层上0.5～1米处，每亩地20袋。白天有日光照射时就可连续、稳定地产生二氧化碳气体，夜晚无光照时不释放二氧化碳气体，一般有效期为30天左右，不影响正常的田间作业。

图 2-26　吊挂式二氧化碳气肥袋

19

9. 补光系统有哪些?

人工补光可延长光照时间或增加光照强度,补充自然光的不足,常用的光源有白炽灯、荧光灯、金属卤化物等,由于这种补光方式成本高,不便于大面积应用,一般仅在冬季和早春育苗时光照不足的阴天使用。人工补充光照的目的是满足作物光周期的需要。当黑夜过长而影响作物生育时,应进行补充光照。另外,为了抑制或促进花芽分化,调节开花期,也需要补充光照;作为光合作用的能源,补充自然光的不足。当温室内床面上光照总量小于 100 瓦/米^2 时,或光照时数不足 4.5 小时/天,就应进行人工补光。目前应用在日光温室上的补光设备主要有高压钠灯、金属卤化物灯、荧光灯、发光二极管等。

(1)高压钠灯 高压钠灯是在放电管内充高压钠蒸气,并添加少量氙和汞等金属卤化物灯。特点是发光效率高、功率大、寿命长(12 000 ~ 2 000 小时);由于高压钠灯单位输出功率成本较低,可见光转换效率较高(达 30% 以上),出于经济上考虑,美国、加拿大、英国、德国、意大利等国家的人工补光主要采用高压钠灯。高压钠灯既可弥补北方冬天日照时间短的缺点,又可起到供暖的作用。

(2)金属卤化物灯(图 2-27) 在高压汞灯的基础上,通过在放电管内添加各种金属卤化物(溴化锡、碘化钠、碘化铊等)而形成的可激发不同元素产生不同波长的一种高强度放电灯。发光效率较高、功率大、光色好(可改变金属卤化物组成,满足不同需要)、寿命较长(数千小时)。发光光谱与高压钠灯相比,其光谱覆盖范围较大。但由于发光效率低于高压钠灯,寿命也比高压钠灯短,目前仅在少数植物工厂中使用。

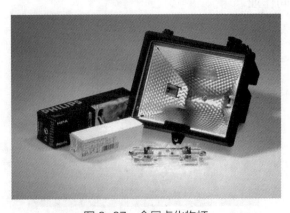

图 2-27 金属卤化物灯

（3）荧光灯（图2-28）　　荧光灯光谱性能好，发光效率较高，功率较小，寿命长（12 000 小时），成本相对较低。此外，荧光灯自身发热量较小，可以贴近植物照射，可以实现多层立体栽培，大大提高了空间利用率。但无论哪种类型的荧光灯管之间都缺少植物需要的红色光谱（660 纳米左右）。为了弥补红色光谱的不足，通常在荧光灯之间增加一些红色 LED 光源，而且直管型荧光灯中间的光照强度较大，因此还要设法通过荧光灯管的合理布局，使光源尽可能做到均匀照射。

近年来，在荧光灯基础上又出现了几种新型荧光灯，如冷阴极管荧光灯、混合电极荧光灯等，寿命长达数万小时，构造极其简单，还可制成很细的荧光灯具，备受用户关注。

图 2-28　荧光灯及其应用

（4）发光二极管（图2-29）　　发光二极管（LED）光源是近年来发展起来的新型节能光源，与白炽灯、荧光灯和高压钠灯等人工光源相比，LED 具有显著的优点：直流低压供电；节能；单色光源，发光效率高；体积小、应用灵活；环保及使用寿命长。

图 2-29　发光二极管及其应用

10. 消毒设备有哪些？

（1）温室臭氧消毒机（图2-30） 温室臭氧消毒机以空气中的氧气为原料，在高频、高压放电作用下产生臭氧。该机主要用于温室大棚中消毒、杀菌、灭虫卵。

图2-30　温室臭氧消毒机

（2）紫外线消毒系统 紫外线消毒系统是通过短波紫外线的照射来实现杀菌消毒作用的装置，用于设施内的病害防控，属于物理消毒的一类，具有广谱高效、制作简单、便于实现自动化管理等优点。但使用时应避免紫外线直接照射操作人员的皮肤。

11. 现代化智能环境监测与调控系统主要包括哪些？

现代化温室大小及性能，因国家、地区及使用单位不同，建成规格与建造方式千差万别。最多的仍是屋脊锯齿式和拱圆式智能温室。如图2-31、图2-32所示。

图2-31　拱圆式智能温室

图 2-32　屋脊（锯齿）式智能温室

（1）瀚之显集群设施环境监测系统简介

1）系统简介　该系统遵循实用性、灵活性、经济性的设计原则，采用国际先进的无线传感器网络技术，由大量可监测设施内外空气温度、空气相对湿度、日照强度等环境参数的微传感器节点通过无线的方式互联构成。

本系统可采集设施内空气温度、露点温度、空气相对湿度、光照、光合有效辐射、土壤温度、土壤湿度、土壤水分、土壤 pH、土壤 EC 值、二氧化碳浓度及植物叶绿素、养分和水分等环境参数和植物生长信息，以及设施外大气温度、室外湿度、太阳辐射强度、风向风速、雨雪量等环境因子，以直观的图表和曲线的方式显示给用户，系统利用环境数据与作物信息，指导用户进行栽培管理。根据不同园艺作物幼苗对生长环境的不同需求，采用数据挖掘技术，通过对设施中内循环风机、通风风机、湿帘、天窗、内遮阳、外遮阳、卷帘机、加温、二氧化碳施肥器等设备的控制，以实现对设施微环境的自动控制。系统结合环境状态报警模块、远程视频监测模块，实现对设施农业综合生态信息参数的自动监测、对设施环境因子的自动控制，达到实现对设施的智能化管理。

系统根据需要项目还可监测包括室内锅炉温度、管道温度、空气相对湿度、保温幕状况、通风窗状况、泵的工作状况、EC 值调节池和回流管数值、pH 调节池和回流管数值等，便于科学管理。

2）功能特点　瀚之显 VNet 物联网网关采用 ARM9 微处理器，Linux 系统平台，能够对设施内外环境 24 小时不间断监测，可以实现不间断无线传输到控制后台，并进行数据收集整理、分析，建立数据库，为标准化生产控制提供依据支持。系统采用特有数据处理逻辑，在系统出现异常状况下，以多种方式报警。

3）硬件设计　每一栋设施配置一套无线综合采集器，将温度、湿度、光照等无线传感器、无线IO控制器等，通过WSN无线传感网组成一个智能无线网络，多个设施群将各自环境参数上传给上位控制主机。系统根据环境参数采集系统获取的数据，结合不同种菜苗的生长适宜环境，通过无线IO控制器，驱动各类湿帘降温系统、通风系统、加热系统、补光系统等构成整个自动化控制网络。

4）优点　①环境自动监测，提升管理效率。②环境自动控制，显著提高产量。③运行成本低，维护量少。④减少施肥、浇水用量，节约能源支出。

（2）北京旗硕物联网监控平台简介　在设施育苗区安装一定数量的监控设备，实现对育苗设施的环境监测和视频监控，保证每一株苗都长在最佳环境，实现育苗的标准化、精细化管理，最大限度提高企业产量和产品质量。如图2-33～图2-39所示。

图2-33　环境监测和视频监控现场

图2-34　环境监测现场

图2-35　环境监控平台

图2-36　视频监控现场

图 2-37　视频监控平台　　　　　　　　图 2-38　物联网监控室

图 2-39　物联网监控室

（3）无线温室娃娃　无线温室娃娃能够实现设施环境空气温度、湿度、露点温度、光照强度、土壤温度、土壤含水量、二氧化碳浓度等参数测量。测量结果可以在液晶屏上用汉字直观地显示出来，并且可以通过语音、无线的方式把测量值和对温室的科学管理方法以及温室娃娃本身是否正常工作的情况等信息提供给用户，便于指导用户科学地生产。

该设备可以作为无线网络的现场数据采集汇聚端，不仅自己能够采集数据以 RS485/Modbus、ZiGbee、Wifi、GSM/GPRS 传输到远端监控中心，还能够与底层无线传感器节点、无线数据传输模块通信，扩展数据采集通道。

（4）温室娃娃（图2-40） 温室娃娃是一种环境监测仪器。该仪器可对温室内的空气温度、空气相对湿度、露点温度、土壤温度、光照强度等环境信息进行实时监测，测量信息在显示屏上直观地显示，同时根据用户设置的适宜条件判断当前的环境因素是否符合种植作物，并通过语音方式(汉语、维语、藏语)把所测环境参数值、管理作物方法及仪器本身的工作情况等信息通知用户。仪器可定时将所测量值存入存储器中，同时通过通信接口把数据发送给计算机。仪器配有上位机软件，可以对仪器进行参数设置、历史数据分析、实时数据列表和曲线显示等操作。

图 2-40 温室娃娃

（5）主动式无线温湿度测量系统 主动式无线温湿度测量系统，如图2-41所示。主要用于设施农业、库房、暖通等场合环境的温湿度测量，产品采用高度集成、超低功耗、微功率、单向发射无线传感器模块，其采用了超低功耗单片机和高性能低功耗发射芯片，内置12位高精度AD，可以直接连接各种主流数字与模拟传感器。

产品采用星形网络、树形网络(增加中继)，传感器节点按照设置的时间间隔(1 ～ 120 秒)向无线数传模块传输数据，无线数传模块通过 USB 或 RS485 方式与上位机软件进行通信。简单、单向的数据传输网络结构进一步降低系统功耗，延长网络寿命，两节 5 号电池可工作 2 年以上。星形网络节点之间传输视距达 700 米，树形网络覆盖距离达 2 千米。

图 2-41　主动式无线温湿度测量系统

（6）基于平板电脑的设施环境及灌溉自动控制系统　系统以嵌入式低功耗工业级平板电脑为核心，以总线方式（有线或无线）扩展基于标准从 odbus 协议的信号采集及输出控制模块，并可根据用户的实际需求调整传感器及控制输出数量从而组成不同规模的系统，真彩液晶触摸屏可以模拟现场实际设备布局，并以图形化的方式显示现场监测实时数据及以动画的方式显示设备运行状态，操作简单，可靠性高，扩展性好，可广泛应用于温室种植、园艺栽培、畜牧及水产养殖等领域。如图 2-42 所示。

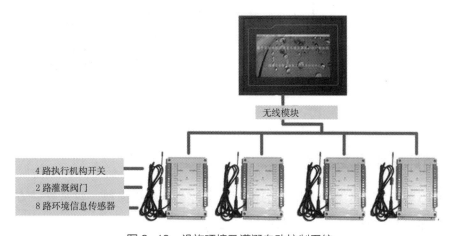

图 2-42　设施环境及灌溉自动控制系统

（7）设施环境群测群控物联网系统　该系统可广泛应用于温室种植、园艺栽培、畜牧养殖等领域。能够实时采集空气温度、空气湿度、光照强度、土壤温度、土壤湿度和二氧化碳浓度等环境信息，采集到的环境信息通过有线或无线的方式发送给中央监控器，中央监控器采用工业用平板电脑，能够以直观的图表和曲线的方式将数据显示给用户。同时，用户可以根据生产需要，设置温室内天窗、湿帘、灌溉等执行设备的自动调节条件（环境参数界限或时间条件），从而实现农业生产管理的现代化、智能化和高效化。如图2-43所示。

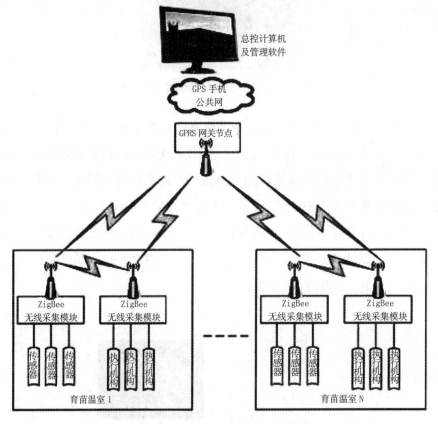

图2-43　环境群测群控物联网系统

12. 苗床主要包括哪些?

（1）固定式苗床　为最简单的苗床，这种苗床结构简单，建造安装方便，成本低廉，但没有滚动式育苗床操作方便，主要应用于小规模育苗生产。如图2-44所示。

图2-44 固定式苗床

（2）滚动式苗床 为较复杂的苗床，它将苗床的上半结构支撑在可以滚动的圆管上，能够使苗床床面移动，以便腾出操作走道，能够增加地面利用率10%～25%。如图2-45所示。

图2-45 滚动式苗床

（3）电动立体多层育苗床架 BNGM-Ⅱ型电动立体多层育苗床架采用镀锌材料作为支撑架，铝合金材料作为床架，单体育苗架长度6～12米，床宽1.7米，育苗架层数3层(上层2～4米，中层3～6米，底层6～12米)，可根据不同地区调整床架长度、层数和层间距。三层可根据床架的升降后靠在温室后墙上，使每层培育的幼苗都能得到充足的光照。每个单体床架可左右小范围移动。采用分布式半周微喷灌进行灌溉，并可将多余水分集中回收再利用，提高了水分的利用效率。采用可调整电动控制升降，减轻劳动强度。该床架具有良好的操作管理性能和运行效果，可大大提高单位面积的育苗数量，提高了成苗率和壮苗率，降低了管理成本和劳动强度，丰富了我国集约化育苗类型，提供了可用于集约化育苗的选择模式，是集约化育苗的又一创新工艺，可作为新型集约化育苗设备进行大面积的示范推广。

应用该床架在1 000米^{2}设施使用面积上，有效育苗面积可达到1 200～1 600米^2，相对于智能连栋温室有效育苗面积提高50%～80%。该设备通过集约化育苗每批次可育苗50万株左右，每年可育苗250万株以上，直接获得经济效益30万元。

13. 基质处理设备主要包括哪些?

（1）基质消毒机　基质消毒机实际上就是一台小型蒸汽锅炉，国外有出售的产品。国内虽未见有产品，但可以买一台小型蒸汽锅炉，根据锅炉的产气压力及产气量，筑制一定体积的基质消毒池，池内连通带有出汽孔洞的蒸汽管，设计好进、出基质方便的进、出料口，并使其密封。留有一小孔插入耐高温温度计，以观察基质内的温度变化情况。

（2）基质搅拌机　育苗基质在被送往送料机、装盘机之前，一般要用搅拌机重新搅拌，一是避免原基质中各成分不均匀；二是防止基质在储运过程中结块，影响装盘的质量。此时如果基质过于干燥，还应加水进行调节。

14. 播种设备主要包括哪些?

（1）小型针式播种机　该装置综合运用机电一体化技术、气动技术，通过单片机控制系统实现播种单元精确动作，采用负压吸种、正压排种方式作业，能满足小型农户的播种需要（图2-46）。

图2-46　小型针式播种机

（2）自动精量播种生产线 园艺作物育苗穴盘自动精播生产线装置，是工厂化育苗的一组核心设备，它是由育苗穴盘（钵）摆放机、送料及基质装盘（钵）机、压穴及精播机、覆土和喷淋机五大部分组成。这五大部分连在一起是自动生产线，拆开后每一部分又可独立作业。育苗钵自动精播生产线其原理与育苗穴盘自动精播机相同，但生产线的各部分构造根据育苗钵的特点而有所改变。下面以引进的韩国产自动精播生产线装置为例将各个部分做一介绍。

1）育苗穴盘传输 将育苗穴盘成摆装载到机器上，机器将自动按照设定的速度把育苗穴盘一个一个地放到传送带上，传送带将穴盘带入下一步的装基质作业处，如图 2-47 所示。

图 2-47 育苗穴盘传输

2）送料、装盘与刮平 育苗穴盘传送到基质装盘机下，育苗基质由送料装置从下面的基质槽中运送到育苗穴盘上方的储基质箱中，由控制机关自动把基质颠撒下来，穴盘下面的传送带也有一定的振动，使基质均匀地充满每个小穴。在传送过程中，有一装置将多余的基质从穴盘上面刮去，如图 2-48 所示。

图 2-48 送料、装盘与刮平

3）压穴、精播　装满基质的育苗穴盘在送往精播机下方前，中间有一装置将每一个填满基质的小穴中间压一播种穴，以保证每粒种子能均匀地播在小穴的中间，并能保持一致的深度，以利覆土厚度一致，出苗整齐，如图2-49、图2-50所示。

图2-49　压穴　　　　　　　　　　　　　　图2-50　精播

压好播种穴的育苗穴盘被送到精播机下，精播机利用真空吸、放气原理，由根据不同育苗穴盘每行穴数设计的种子吸管的管喙，把种子从种子盒中吸起，然后移动到育苗穴盘上方，由减压阀自动放气，种子自然落进播种穴，每动作一次，播种一纵行。然后由传送系统继续向前运送。

温馨提示

精播机的生产厂家或型号的不同，其播种方式也不同，自动精播生产线装置一般是在育苗盘行进中一行一行地播，而独立使用的自动或半自动的精播机，有的是一次播种一张穴盘。

4）穴盘覆盖机、刮平　播完种的育苗穴盘被运送到覆土机的下方，覆土机将储存在基质箱内的基质，均匀地覆盖在播过种子的小穴上面，并保持一定的厚度，如图2-51、图2-52所示。

图 2-51　播种后覆盖　　　　　　　　　　图 2-52　覆土刮平

5）喷淋机　覆盖好基质的育苗穴盘被运送到喷淋机下，喷淋机将按照设计的水量，在穴盘的行走过程中把水均匀地喷淋到穴盘上，如图 2-53 所示。

图 2-53　喷淋

温馨提示

有些厂家的喷淋机原理是育苗穴盘行至喷淋机下时稍作停留，然后将整个穴盘一次性淋足水。

（3）ZXB-400型精量播种生产线　包括基质筛选、基质搅拌、基质提升、基质填充、基质刷平、基质镇压、精量播种、穴盘覆土、基质刷平和喷水等作业过程。整个播种生产线外形尺寸长×宽×高为 4 100毫米×700

毫米×1 450毫米，传送带高度780毫米，总重量500千克，功率消耗0.5千瓦。该生产线可对72穴、128穴、288穴和392穴等规格的标准穴盘进行精量播种，播种精度高于95%，该机可播种粒径为4~4.5毫米的丸化大粒种子和2毫米左右的小粒种子或圆形自然种子，并可播种除黄瓜以外的各种园艺作物、花卉和某些经济作物。其净工作时间生产效率为8.8盘／分。

（4）2BSP-360型园艺作物精量播种生产线　主要由机架、基质填充装置、播种装置、喷水装置、传动装置及辅助设备六部分组成。其工作过程为：当穴盘通过基质填充装置下方时，填充装置通过输送带均匀地向穴盘穴内填土，接着在喷水装置下方进行喷水作业；喷水装置的水泵从机架旁边的水箱中抽水，水通过管道进入喷水管，喷水装置将水以水帘的形式喷射到穴盘内；随着穴盘的前进，水渗入基质内，当穴盘到达播种装置下方时，喷淋到基质表面的水已渗入基质下层，随后播种和覆土装置依次进行精量播种和覆土作业；最后采用人工方式将穴盘放到运苗车上，送至温室。

（5）日本YVMP130型精量播种生产线　该生产线可自动完成穴盘供给、基质填充、喷水、播种、覆土等作业，适用于丸化的园艺作物种子和裸种子。可实现精量播种，穴盘每穴可播种一粒或两粒种子。生产线工作过程为：穴盘供给装置定时分发穴盘，穴盘被传送带运送到基质填充装置下方，基质均匀地铺撒到穴盘穴内，穴盘上多余的基质由摆动的刮种板刮掉，并由基质回收装置回收；基质填充完毕后，喷水装置将基质浇匀浇透；接着基质镇压装置对穴盘穴内基质进行压实作业，目的是在穴内压出浅坑，使种子落入其中，利于后期种子出芽整齐，便于管理；然后进行播种，播种装置采用真空针式播种装置作业，可根据种子大小和形状更换不同孔径型号的针式吸嘴，每完成一次播种，对吸嘴加高压清洗，播种完毕，覆土装置在穴盘上盖上薄薄一层蛭石，然后再进行喷水工作。

15. 嫁接设备主要包括哪些?

（1）中国产2JC-350型插接式嫁接机　该机为半自动嫁接机，以瓜类园艺作物（黄瓜、西瓜）为嫁接对象。2JC-350型插接式嫁接机具有嫁接作业简便、成活率高、不需要夹持物，由人工劈削砧木、接穗苗和卸取嫁接苗。

（2）韩国靠接嫁接机　该机为半自动式嫁接机，最高生产率为 310 株 / 时，嫁接成功率为 90%，由于结构简单、操作容易、成本低廉，不仅在韩国，而且在日本和我国都有一定的销量，适于西瓜、黄瓜等瓜类园艺作物苗的半机械化作业。

（3）日本自动套管式嫁接机　该机采用 V 形平接法，只能一人操作，操作人员分别将去土砧木和接穗以单株形式，送到嫁接机的托苗架上，嫁接机自动完成砧木和接穗的切削、对接和上固定套管作业。该机生产率可达 600 株 / 时，嫁接成功率为 98%。如图 2-54 所示。

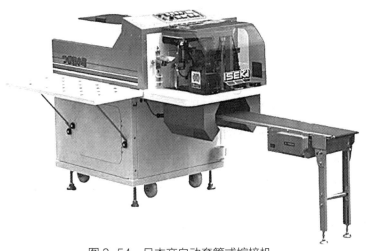

图 2-54　日本产自动套管式嫁接机

（4）TJ-800 型自动嫁接机　TJ-800 型自动嫁接机是面向设施农业育苗生产开发研制的智能嫁接装备。该机采用贴接法进行嫁接作业，适用于瓜、茄类作物（西瓜、黄瓜、茄子、辣椒、番茄等）嫁接，生产效率可达 800 株/时，是人工作业的 6～7 倍，嫁接成功率可达 95%。

该机主要结构包括嫁接机主机和嫁接夹自动供给装置，采用塑料夹固定，砧木可断根或带根作业。作业所需人工包括砧木供苗 1 人，接穗供苗 1 人。作业时只需将砧木和接穗苗放入上苗装置的指导位置，通过脚踏开关触发执行机构，对砧木和接穗进行自动夹持、切削、对接和上夹作业，便可轻松完成嫁接作业。如图 2-55 所示。

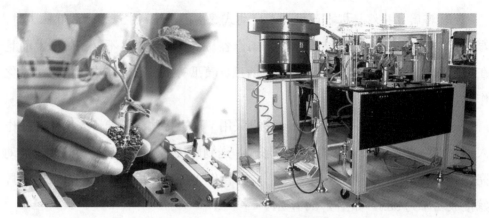

图 2-55　TJ-800 型自动嫁接机

使用 TJ-800 型自动嫁接机，可有效提高秧苗的利用率和嫁接成活率，保证嫁接质量，降低农药使用量，减少环境污染，降低劳动强度，节省人力资源，具有很好的经济效益和社会效益。

（5）半自动化嫁接机　该装置运用气动技术控制驱动切刀动作，将秧苗茎部切削成单斜面，适用于茄果类作物的（茄子、辣椒、番茄）贴接法嫁接，能够满足小型农户的嫁接需要，可广泛应用于嫁接育苗实际生产中。

16. 苗期水肥管理设备主要包括哪些？

日光温室、塑料大棚等育苗设施作为工厂化农业的雏形，管网浇水已被有关部门列为重点推广的新技术，在我国中北部日光温室、塑料大棚等育苗设施集中生产区已创造了良好的社会效益和经济效益。依据流体力学原理，利用管网系统的自身能量，在日光温室、塑料大棚等育苗设施配置管网浇水自动施肥和施药系统，对于提高日光温室、塑料大棚等育苗设施生产的自动化水平意义重大。

（1）施肥与喷药系统　主要包括水压表、调节阀、电动机、储肥（药）箱及微管等。

在日光温室、塑料大棚等育苗设施中应用浇水设备，不仅要注意系统的简便易操作性，而且还应注意系统的完整性。最基本的要具备保证不能堵塞滴头、喷头、渗管的水过滤器及能方便追肥的施肥装置。

采用专用的旋转微喷头喷水，一般覆盖半径在 0.5 米左右，系统压力

50～150千帕，流量在55升／时以下。水中可以配化肥或农药，浇水均匀，覆盖性能好，夏季还有降温的作用，特别适合日光温室、塑料大棚等育苗设施使用。

（2）配套设备　通过苗床行走喷水车、滴灌管道形成灌溉系统；依靠施肥罐、增压泵、过滤器通过灌溉管道进行施肥作业。

在育苗的绿化室或幼苗培育设施内，应设有喷水设备或浇灌系统，工厂化育苗温室或大棚内的喷水系统一般采用行走式喷淋装置，既可喷水，又可喷洒农药和液体肥料（图2-56、图2-57）。

图2-56　喷洒农药

图2-57　喷洒液体肥料

在寒冷的冬季喷水时应注意水温不要太低，以免对幼苗造成冷害。规模化育苗一般采用人工喷洒，但应注意喷水的均匀度，往往育苗盘周边部分喷水不匀，影响幼苗的整齐度。

17. 施药设施装备主要包括哪些?

（1）移动式精准施肥喷药一体机　移动式温室精准施肥喷药一体机，集成了移动式温室精准施肥机和移动式温室精准喷药机的施肥和施药两种功能，能够通过电子控制器在两种功能之间进行自动切换，通过压力模块为注肥和农药喷洒系统提供各自所需的压力。该设备作为施肥机使用时，控制器可以准确设定肥料配比浓度和注肥量，溶液桶的液位达到最低液位时系统发出报警并且切断系统电源，停止系统注肥作业；作为喷药机使用时，则可对农药进行加压处理，并通过压力自动调节模块和专用的喷雾喷枪实现化学农药的高效喷洒。如图 2-58 所示。

图 2-58　移动式精准施肥喷药一体机

（2）弥雾施药装置　该机通过高压雾化装置生产弥雾，可提高施药扩散效果，可广泛应用在园艺作物、花卉的植保作业上（图 2-59）。

图 2-59　弥雾喷药装置

（3）变量施药机　本装置采用电路精确控制，针对温室单人管理劳动强度大、效率低的缺点，具有变量施药作业功能，可广泛应用于温室的花卉、园艺作物种植管理。

18. 整地机械主要包括哪些？

定植前要对所需的土地进行翻地、旋耕、起垄、开沟、施药、铺膜、打孔等工作，整地机械有旋耕机、微耕机、地膜覆盖机等。

（1）旋耕机　如图 2-60 所示。

图 2-60　旋耕机

（2）微耕机　微耕机具有重量轻，体积小，结构简单等特点。微耕机广泛适用于平原、山区、丘陵的旱地、水田、果园等。配上相应机具可进行多种作业，还可牵引拖挂车进行短途运输，微耕机可以在田间自由行驶，便于用户使用和存放，解除了大型农用机械无法进入山区田块的烦恼。

1）自走式多用微耕机　如图 2-61 所示。

图 2-61　自走式多用微耕机

2）手推式多用微耕机　如图 2-62 所示。

图 2-62　手推式多用微耕机

（3）地膜覆盖机　地膜覆盖机有人力覆膜机和机械动力覆膜机两种。一般由开沟器、压膜轮、覆土器、框架等构成。有些还安装了电动喷雾器装置，可满足在覆膜时喷洒除草剂、杀虫剂农药等（图2-63）。

图 2-63　地膜覆盖机

19.定植机械主要包括哪些?

为适应现代农业规模化、机械化和工厂化的生产模式，采用穴盘育苗移栽具有较为明显的优势，它不但具有普通移栽种植的特点，同时还具有节省种子、便于规范化管理及适合机械化作业等特点，是一种现代化的种植方式，可有效实现增产的目的。目前，国内穴盘苗移栽大多采用半自动的移栽机完成，仍需要人工将秧苗从穴盘中拔出，放入半自动移栽机的栽植器内，完成栽植作业，劳动强度仍较大，效率偏低。全自动穴盘苗移栽机，可将穴盘中的秧苗自动取出，然后投放在栽植器内，由栽植器最后完成栽植作业，以实现秧苗的高效移栽（图 2-64）。

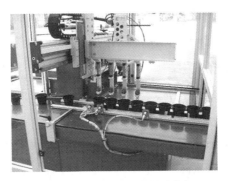

图 2-64　全自动穴盘苗移栽机

20. 什么是水肥一体化？

　　水肥一体化技术是将灌溉与施肥融为一体的农业新技术。水肥一体化是借助压力系统（或地形自然落差），将可溶性固体或液体肥料，按土壤养分含量和作物种类的需肥规律和特点，配对成的肥液与灌溉水一起，通过可控管道系统供水、供肥，使水肥相融后，通过管道和滴头形成滴灌、均匀、定时、定量，浸润作物根系发育生长区域，使主要根系土壤始终保持疏松和适宜的含水量，同时根据不同的蔬菜的需肥特点，土壤环境和养分含量状况，蔬菜不同生长期需水、需肥规律情况进行不同生育期的需求设计，把水分、养分定时定量，按比例直接提供给作物，如图 2-65 所示。该项技术适宜于有井、水库、蓄水池等固定水源，且水质好、符合微灌要求，并已建设或有条件建设微灌设施的区域推广应用。主要适用于设施农业栽培、果园栽培和棉花等大田经济作物栽培，以及经济效益较好的其他作物。

图 2-65　水肥一体化系统

21. 水肥一体化有什么优点？

（1）水肥均衡　传统的浇水和追肥方式，作物饿几天再撑几天，不能均匀地"吃喝"。而采用水肥一体化，可以根据作物需水需肥规律随时供给，保证作物"吃得舒服，喝得痛快"。

（2）省工省时　传统的沟灌、施肥费工、费时。而使用水肥一体化，只需打开阀门，合上电闸，几乎不用工。

（3）节水省肥　水肥一体化，直接把作物所需要的肥料随水均匀地输送到植株的根部，作物"细酌慢饮"，大幅度地提高了肥料的利用率，可减少50%的肥料用量，水量也只有沟灌的30%～40%。

（4）减轻病害　大棚内作物很多病害是土传病害，随流水传播，如辣椒疫病、番茄枯萎病等，采用水肥一体化可以直接有效地控制土传病害的发生。水肥一体化能降低棚内的湿度，减轻病害的发生。

（5）控温调湿　冬季使用水肥一体化能控制浇水量，降低湿度，提高地温。传统沟灌会造成土壤板结、通透性差，作物根系处于缺氧状态，造成沤根现象，而使用水肥一体化则避免了因浇水过大而引起的作物沤根、黄叶等问题。

（6）增加产量，改善品质，提高经济效益　水肥一体化的工程投资（包括管路、施肥池、动力设备等）约为1 000元/亩，可以使用5年左右，每年节省的肥料和农药至少为700元，增产幅度可达30%以上。

22. 水肥一体化要注意哪些方面？

水肥一体化是一项综合技术，涉及农田灌溉、作物栽培和土壤耕作等多个方面，应主要注意以下4个方面：

（1）建立一套滴灌系统　根据地形、田块、单元、土壤质地、作物种植方式、水源特点等基本情况，水肥一体化的灌水方式可采用管道灌溉、喷灌、膜喷灌、膜下喷灌、微喷灌、泵加压滴灌、重力滴灌、渗灌、小管出流等。特别忌用大水漫灌，这容易造成氮素损失，同时也降低了水分利用率。

（2）施肥系统　在田间要设计为定量施肥，包括蓄水池和混肥池的位置、容量、出口、施肥管道、分配器阀门、水泵、肥泵等。

（3）选择适宜肥料种类　可选液态或固态肥料，如氨水、尿素、硫酸铵、硝酸铵、磷酸一铵、磷酸二铵、氯化钾、硫酸钾、硝酸钾、硝酸钙、硫酸镁等肥料；固态以粉状或小块状为首选，要求水溶性强，含杂质少，一般不用颗粒状复合肥；如果用沼液或腐殖酸液肥，必须经过过滤，以免堵塞管道。

（4）灌溉施肥的操作

1）肥料溶解与混匀　施用液态肥料时不需要搅动或混合，一般固态肥料需要加水溶解为液状，必要时分离，避免出现沉淀等问题。

2）施肥量控制　施肥时要掌握剂量，注入肥液大约为灌溉水量的 0.1%。例如灌溉水量为 50 米^3/ 亩，注入肥液大约为 50 升 / 亩；过量施用可能会使作物致死以及造成环境污染。

3）灌溉施肥的程序分 3 个阶段　第一阶段，选用不含肥的水湿润；第二阶段，施用肥料溶液灌溉；第三阶段，用不含肥的水清洗灌溉系统。

23. 水肥一体化技术模式有哪些？

（1）循环式水肥一体化技术模式　该技术模式由控制系统、浇灌系统、栽植系统 3 部分组成。栽植系统由 PVC（聚氯乙烯）管道和固定架等构成，PVC 管道卧式固定在固定架上。PVC 管道的上方钻出等距离的圆孔，用于栽植蔬菜和草莓等作物。浇灌系统由营养液存储装置、循环装置等部分组成。存储罐内存放的营养液体是根据作物生长发育不同阶段所需营养元素及比例专门配制而成的，可以完全满足作物不同生长发育期对各种养分的需要。作物栽植后，控制系统会按设定的时间段，启动、关闭浇灌系统。浇灌系统启动后，在一定的时间段内营养液体在循环装置的控制下，不间断地从 PVC 管的前端流向末端，再流回到存储装置内。作物也在营养液体循环过程中，吸收到了水分和养分。

（2）滴灌式水肥一体化技术模式　滴灌技术是一项很成熟的技术，但将其整合为水肥一体化技术，绝非是将肥料混入到水中那么简单，因为滴水头对水的净度要求较高，一旦达不到要求就会造成堵塞，致使出水不畅，甚至不能出水。因此，滴灌式水肥一体化技术模式的肥料必须是专用型全溶性肥料，否则，即使对肥料溶解液进行多次过滤，也很难达到要求，溶解在水中的营养成分还会在出水控制元件附近凝结，不仅对出水流畅性产生影响，还会对元件造成损坏（图 2-66）。

图 2-66 滴灌式水肥一体化技术模式

24. 植保无人机主要包括哪些类型?

植保无人机是近年来新兴的一种植保机械设备,具有安全高效、便于操作、效果良好、成本低廉等优势,现广泛应用于农业生产。主要由飞行平台、控制系统及喷洒系统三部分构成,通过人工遥控,实现药剂、种子、粉剂等的播撒。

植保无人机上常用的喷洒装置多是转笼式喷头,其后有叶片风扇,无人机在飞行过程中带动转笼式喷头高速旋转,药剂药液在离心力的作用下完成喷施。

根据动力的不同,植保无人机可以分为电动无人机、油动无人机以及油电混动无人机 3 种类型。

三、 西瓜的品种选择及砧木品种

选择西瓜品种时，一方面要选择抗性好的品种，为实现产品安全生产提供品种方面的条件；另一方面还要选择商品性状好，符合消费习惯，产量高和在当地形成销售规模的品种。在农业科技人员的努力下，西瓜育种工作取得了很大的成绩，育成了满足各个茬口需要的不同品种。下面详细介绍一些适合种植的西瓜最新优良品种。

1. 西瓜早熟品种有哪些?

（1）福祺早抗3号(豫审证字2010068) 河南省庆发种业有限公司著名西瓜育种专家史宣杰育成的早熟、花皮大果型新品种。特征特性：早熟品种，全生育期95天，从开花到果实成熟28～30天。植株生长稳健，抗病能力强，易坐果。果实椭圆形，深绿色果皮上覆墨绿色条带，外观美。果肉红沙，中心可溶性固形物含量为12%以上，品质优良。果皮薄而韧，耐储运。单瓜重8～10千克，稳产高产。

（2）福祺天发12号 河南省庆发种业有限公司育成。特征特性：中早熟品种，全生育期98～103天，从开花到果实成熟30～32天。植株生长健壮，抗枯萎病兼抗炭疽病，很少或不发生病毒病。分枝性中等，果实椭圆形，外观似金钟冠龙，但条带较宽，皮色较绿，果皮厚1.0～1.2厘米。果肉大红色，剖面均匀，纤维少，汁多味甜，中心可溶性固形物含量达12%，高者达13.5%。果皮硬而韧，耐储运。单瓜重8～10千克，亩产5 000～7 000千克。

（3）福祺早抗6号(豫审证字2013044) 河南省庆发种业有限公司育成的早熟、花皮大果型新品种。特征特性：早熟品种，全生育期95天，从开花到果实成熟28～30天。植株生长稳健，抗病能力强，易坐果。果实椭圆形，深绿色果皮上覆墨绿色条带，外观美。果肉红沙，中心可溶性固形物含量在12%以上，品质优。皮薄而韧，耐储运。单瓜重8～10千克，丰产稳产。

（4）福祺福星2号（大粒京欣类品种）　河南省庆发种业有限公司最新育成的早熟优良品种。特征特性：早熟品种，全生育期90天，从开花到成熟28天。植株生长健壮，适应性广，抗病性强，易坐果，膨瓜快，适宜春大棚、春拱棚及地膜覆盖栽培。果实圆形，花皮，条带清晰，底色绿，外观美。瓤色大红，不裂瓜，中心可溶性固形物含量在12%，品质佳。单瓜重7～9千克，一般亩产5 000千克。

（5）福祺福星3号（大果京欣类品种）　河南省庆发种业有限公司育成。特征特性：早熟品种，全生育期85天左右，自开花至果实成熟30天左右。植株生长稳健，适应性广，抗病性强，易坐果，膨瓜快，耐低温、弱光，适宜地膜覆盖及春大、小拱棚保护地栽培。果实圆形，端正美观，果皮深绿色覆黑色均匀宽条纹，条带清晰，皮薄、果皮坚韧不裂果。果肉大红，细甜脆爽、不倒瓤，中心可溶性固形物含量在13%，品质极佳，极耐储运。单瓜重8～10千克，稳产高产，亩产可达5 000千克。

（6）福祺超级大果黑美人　河南省庆发种业有限公司最新育成。特征特性：早熟品种，生长势强，产量丰高，不易裂果。果实长椭圆形，果皮为深墨绿色，有隐暗条纹。果肉深红，肉质细嫩多汁，可溶性固形物含量在13%左右。果皮薄而坚韧，特别耐储运，品质好，产量比原黑美人增产30%～50%。该品种经过相关专家评比，是目前国内综合性状表现最好的品种之一。瓜大而丰满，单果重7～8千克。

（7）福祺少籽富抗2号　河南省庆发种业有限公司育成的少籽、早熟、绿皮、抗病新品种。特征特性：早熟品种，全生育期90天左右，从开花到果实成熟约28天。植株生长强健，适应性广，抗病性强，易坐果，耐重茬。果实椭圆形，瓜型整齐，果皮绿色，薄而韧，耐储运。果肉大红，少籽沙瓤，中心可溶性固形物含量在12%以上，纤维少，品质极佳。单瓜重7～8千克，稳产高产，亩产可达5 000千克。

2. 西瓜中熟品种有哪些?

（1）郑抗4号　中国农业科学院郑州果树研究所育成。2002年通过国家级审定，审定编号：国审菜 2002033。该品种由河南省庆发种业有限公司独家开发经营。特征特性：中熟品种，开花后 32 天成熟。该品种抗枯萎病、抗炭疽病，生长势中等，瓜码密，易坐果。花皮，椭圆形，红瓤，质脆爽口，中心可溶性固形物含量 12%，标准单瓜重 8～10 千克。皮薄而韧，耐储运。

（2）新高抗 8 号　河南省庆发种业有限公司育成。特征特性：中熟品种，全生育期 100 天左右，花后 32 天成熟。抗枯萎病。可抑制炭疽病、病毒病极早晚疫病等的发生。果实椭圆形，皮色为墨绿色上镶嵌深墨绿色蛇形花纹。瓤色大红，肉质甘甜多汁，风味独特，清新爽口，中心可溶性固形物含量 12.5% 以上。瓜皮坚韧，耐储运，适宜远途销售。大果型品种，单瓜 10 千克左右，亩产 5 000 千克。

（3）新庆发 8 号　新庆发 8 号是大庆市庆农西瓜研究所所长、高级农艺师，全国著名西瓜育种学家张志发，利用庆发 8 号进行系统选育改良而成的新品种。特征特性：中熟品种，适应性更强，瓤色更红，商品性更好。植株生长稳健，抗枯萎病、炭疽病、病毒病，坐果后 33 天成熟，果实长椭圆形，花皮，红瓤，少籽，中心可溶性固形物含量 13%。标准单瓜重 13 千克，平均亩产量可达 5 000 千克。皮薄而韧，耐储藏运输。

（4）庆发 8 号　河南省农业科学院园艺研究所与大庆市庆农西瓜研究所联合选育，1999 年育成。2002 年通过国家品种审定，审定编号：国审菜 2002008。庆发 8 号适应性强，在全国各西瓜产区均可栽培。特征特性：中熟品种，全生育期 100～105 天，从开花到果实成熟约 32 天。植株生长健壮，分枝性中等，抗枯萎病，兼抗炭疽病，很少发生或不发生病毒病。果实椭圆形，外观性状似金钟冠龙，但条带较宽，皮色较绿，果皮厚 1.0～1.2 厘米。果肉红色，剖面均匀，纤维少，汁多味甜，质脆爽口，中心可溶性固形物含量达 12%，高者达 13.5%，中心与边缘糖量梯度较小。果实内种子少，每果 70～120 粒，较新红宝籽少 50%～70%，食用方便。种子千粒重 42.0 克，果皮硬而韧，耐储藏运输。单瓜重 7～10 千克，亩产量 5 000～7 000 千克。

（5）福祺绿巨宝　河南省庆发种业有限公司育成。特征特性：中熟品种，全生育期 105 天，果实发育期 33 天。耐旱、瘠，抗病性强。果皮青绿色有细网纹。果肉鲜红，籽少，可溶性固形物含量 12.5%，品质极佳。果皮硬度大，耐储运。单瓜重 8 千克左右，一般亩产量 5 000 千克。

（6）庆红宝—新世纪瓜王880　大庆市庆农西瓜研究所高级农艺师西瓜育种家张志发，把庆红宝母本和父本经过系统改良后，精制而成的21世纪最新特大型瓜王品种，代号为新世纪瓜王8801，比特大庆红宝更高产、更优质、更抗病。特征特性：开花到成熟35天。该品种抗枯萎病、炭疽病、疫病，很少感染病毒病。瓜皮深绿色，瓜瓤红，种子少，果肉汁多爽口，风味极佳，耐储藏运输。果个大，最大单瓜重35.5千克，亩产可达6 500千克。

（7）福祺黑彤K-8（豫审证字2008063号）　河南省庆发种业有限公司，著名西瓜育种专家史宣杰主持育成的抗病新品种。特征特性：中熟品种，从雌花开放到果实成熟30天左右。福祺黑彤K-8的种子较大，千粒重95克，因出苗快、出苗齐、叶肥厚、下胚轴粗壮、幼苗特别健壮。植株生长健壮，易坐果，抗枯萎病能力强，耐重茬，可连茬种植3年。果实纯黑皮，外形美观，不易产生畸形瓜，商品率高，大红瓤，少籽，中心可溶性固形物含量12.5%，品质极佳。果皮薄而韧，耐储藏运输。单瓜重8～10千克，最大可达68千克，超高产，平均亩产6 000千克。

（8）福祺黑马　最新育成的黑皮大果型西瓜杂交种。特征特性：中熟品种，从开花到成熟35天。植株叶片宽阔，生长势较强，较抗炭疽病、抗枯萎病。果实椭圆形，瓜皮黑色，果肉红沙瓤，中心可溶性固形物含量可达13.8%（大庆种植）。皮薄、籽少，可食率高，标准单瓜重10千克，耐储藏运输。

（9）福祺福园3号　本品种是在京欣系中精选繁育而成。特征特性：中熟品种，开花至成熟30天左右。抗性较强。果实正圆形，果皮深绿，覆黑色窄条带，条带清晰且顺直，成熟后覆有浓果粉，外观美丽诱人；皮较薄，不裂瓜，不空心；果肉大红，脆甜可口。单瓜重10千克左右，最大可达15千克。九成熟不倒瓤且产量极高。保护地、露地均可种植。

（10）福祺天发黑无籽二号（豫审证字2010073）　河南省庆发种业有限公司育成的纯黑皮无籽西瓜优良品种。特征特性：中早熟品种，从开花到成熟32天。植株生长势强，叶色浓绿，抗病性极强，耐低温弱光，适应性广。果皮坚韧耐储运，采收后在室内储藏30天风味基本不变。果实圆形，黑皮，蜡粉浓，外观美。果肉红色，白色瘪籽少而小，品质佳，中心可溶性固形物含量13%。单瓜重7～10千克（最大单瓜重18千克），亩产4 000～5 000千克。种子千粒重65克。

（11）福祺花无籽3号 河南省庆发种业有限公司著名西瓜育种专家史宣杰育成的花皮无籽西瓜新品种。特征特性：中熟品种，全生育期100天，果实发育期约30天。植株生长势中等，抗病能力强，易坐果。果实圆形，花皮，底色浅绿，窄条纹。果肉大红，中心可溶性固形物含量为13%，品质优。果个大，果皮韧，耐储运，不裂果。单瓜重约9千克。

（12）福祺黄肉无籽 河南省庆发种业有限公司育成的圆果黑皮黄肉无籽西瓜优良。特征特性：中熟品种，果实发育期32天左右。生长势中等，抗病耐湿，易坐果。果实圆球形，果皮黑色显暗齿条纹。果肉柠檬黄色，肉质细脆，剖面美观，中心可溶性固形物含量在12%以上，糖分均匀，风味好，品质优，白色瘪籽小而少。露地、棚室均可栽培。单果重6千克以上，亩产4 000～4 500千克。

（13）福祺黑元帅无籽西瓜王 河南省庆发种业有限公司著名西瓜育种专家史宣杰育成的黑皮无籽西瓜优良品种。特征特性：中熟品种，从开花到成熟32天。果实圆形，黑皮、蜡粉浓，外观美。果肉红色，白色瘪籽少而小，品质佳，中心可溶性固形物含量13%。植株生长势强，叶色浓绿，抗病性极强，适应性广。果皮坚韧，耐储运，采收后在室内储藏30天风味基本不变。单瓜重6～8千克，最大单瓜重18千克，一般亩产4 000～5 000千克。

3. 西瓜中晚熟品种有哪些?

（1）福祺天发8号（豫审证字2009090） 河南省庆发种业有限公司著名西瓜育种专家史宣杰育成的中晚熟新品种。特征特性：中晚熟品种，全生育期110天左右。植株生长稳健，易坐果。果实外观似金钟冠龙，但条带较宽，颜色较深，皮色较绿。果肉鲜红色，质脆爽口，中心可溶性固形物含量12%，皮薄而韧，耐储运。标准单瓜重13千克。

（2）精品高抗8号 由河南省庆发种业有限公司育成的中晚熟抗病新品种。特征特性：中晚熟品种，全生育期95天左右，从开花到果实成熟30天左右。植株生长强健，高抗枯萎病兼抗炭疽病，耐重茬，适应性广，易坐果，一致性好。果实椭圆形，果皮暗绿色覆墨绿色条带，薄而韧，极耐运输。果肉大红，肉质细脆多汁，清香可口，中心可溶性固形物含量在12%以上，纤维少，品质上乘。单瓜重 8 ～ 10 千克，稳产高产，亩产 6 000 千克左右。

（3）福祺富抗 3 号　河南省庆发种业有限公司育成的中晚熟抗病新品种。主要特点是抗重茬，丰产稳产，品质优，口感佳。特征特性：中晚熟品种，全生育期 100 天左右，从开花坐果到果实成熟约 32 天。植株生长强健，高抗枯萎病兼抗炭疽病，耐重茬，适应性广，易坐瓜，一致性好。果实椭圆形，果皮深绿附有墨绿色条带，薄而韧，极耐储运。果肉大红，肉质细脆多汁，清香可口，中心糖 12 度以上，纤维少，品质上乘。单瓜重 8 ～ 10 千克，稳产高产，亩产 6 000 千克左右。

（4）福祺富抗 4 号（种子大粒型）　河南省庆发种业有限公司育成的中晚熟抗病新品种。特征特性：中晚熟品种，全生育期 100 天左右，从开花到果实成熟约 32 天。植株生长强健，易坐果，高抗枯萎病兼抗炭疽病，适应性广。果实椭圆形，瓜型整齐，果皮深绿色附有墨绿色条带，薄而韧，极耐储运。果肉大红，肉质多汁，清香可口，中心可溶性固形物含量在 12% 以上，纤维少，品质上乘。单瓜重 8 ～ 10 千克，稳产高产，亩产可达 5 000 千克。

4. 高档礼品西瓜品种有哪些？

（1）福祺早红蜜　该品种是由河南省庆发种业有限公司著名西瓜育种专家史宣杰最新育成的花皮红肉礼品西瓜优良品种。特征特性：早熟品种，小果型杂交一代种，全生育期 85 天左右，坐果后 22 ～ 26 天成熟。耐低温，易坐果。肉质好，中心可溶性固形物含量 14%。单瓜重 1.5 ～ 2.0 千克，亩产量在 4 000 千克左右。

（2）福祺墨橙香　河南省庆发种业有限公司育成的新一代高档礼品西瓜新品种。特征特性：早熟性好，开花后 26 天左右成熟。抗病性强。果实圆球形，果皮深绿隐有暗条纹。果肉橙黄，质脆味甜，中心可溶性固形物含量在 14%，一般单果重 3 ～ 4 千克，一般亩产 3 000 千克。膨瓜快，不易裂瓜，抗性好，适应性广，全国各地均可栽培。

（3）福祺麒麟　河南省庆发种业有限公司育成的礼品西瓜优良品种。特征特性：早熟品种，从开花到果实成熟 24 ～ 26 天，果实高圆形，外观美，果皮墨绿黑色条纹。果肉橙黄，脆甜多汁，中心可溶性固形物含量 13%。皮薄且韧，产量高，耐储运。光照佳、肥水足、管理好等条件下，单果重可达 4～6 千克。保护地及早春地膜均可种植。

（4）福祺怡园五号　该品种为目前表现最好的中小果正圆形小西瓜，特征特性：从坐果到果实成熟 28 天左右，果实圆形，绿色果皮上着生清晰的深绿色条带，外形极为美观，单瓜重平均 3 千克左右，果肉鲜红，中心可溶性固形物含量 13% 左右，汁多味美，品质特佳，极易坐果。

5. 南瓜类砧木品种主要有哪些？

（1）京欣砧 2 号　国家园艺作物工程技术研究中心育成。印度南瓜和中国南瓜杂交的白籽南瓜类型的西瓜砧木一代杂种，亲和力好，生长势强健，抗早衰，不易倒瓤。适于作保护地与露地栽培的西瓜砧木。

（2）JA-6　河南省庆发种业有限公司利用中国南瓜与西洋南瓜杂交育成。该品种与大多数西瓜品种嫁接都没有发生不良反应，特别是在与西瓜嫁接时，亲和力强，嫁接成活率高，抗枯萎病能力强。该品种根系发达，幼苗生长快而健壮，吸收水肥能力强，不但表现出耐低温、高湿、耐热、抗重茬的优良性状，而且叶部病害，炭疽病、蔓枯病、疫病、霜霉病等也明显减轻，雌花出现较早，坐果易，果实品质不发生任何不良变化，瓜个增大，产量提高。如 JA-6 的根系在 8℃时，根系的吸收和生长能缓慢进行，地温在 6℃时，持续 1 周，当温度缓慢恢复时，仍能正常生长，是目前耐低温性最好的品种之一。

可用作西（甜）瓜、黄瓜、西葫芦、瓠瓜、苦瓜、丝瓜早熟栽培砧木，但与一部分少籽西瓜品种进行嫁接时，需先做试验。

（3）福祺铁砧 3 号　河南省庆发种业有限公司育成。植株生长健壮，杂种优势显著，抗寒、抗病，耐湿性强，根系发达，与西瓜共生亲和力强，成活率高；高抗枯萎病，抗重茬，叶部病害也明显减轻。嫁接幼苗在低温下生长快，坐果早而稳。可以促进西瓜早熟和高产。适于作保护地与露地栽培西瓜的砧木。

（4）好伙伴　河南高效农业发展研究中心育成。根系发达，具有耐低温、耐湿、耐热、耐干旱的特点。对促进西瓜早熟和提高产量有明显的作用。是当前西瓜嫁接栽培的理想砧木新品种之一。可用作西瓜、黄瓜、丝瓜、苦瓜的嫁接砧木。

（5）黑籽南瓜　原野生于中国云南原始森林中，现日本也有，但抗病性不如中国黑籽南瓜。与西瓜进行嫁接换根栽培100%抗枯萎病，低温生长性和低温坐果性强，在低温条件下吸肥的能力也最强。其与西瓜亲和力在品种间差异较大，若管理不善，有使西瓜果皮增厚、肉质增硬和可溶性固形物含量下降等不良影响。可用作西瓜、黄瓜的嫁接砧木。

6. 葫芦类砧木品种主要有哪些？

（1）超丰七号　中国农业科学院郑州果树研究所在超丰F1的基础上改良选育的抗病葫芦杂交一代。其特点是嫁接亲和力强，高抗枯萎病，对果实品质无不良影响。适宜作保护地与露地栽培西瓜的砧木。

（2）铁砧2号　河南省庆发种业有限公司育成。该砧木与西瓜嫁接亲和力好，共生性强，成活率高，嫁接后幼苗生长速度快而健壮，根系发达，吸水、吸肥能力强，耐低温、耐热，高抗枯萎病，西瓜品质不会发生不良变化。

7. 瓠瓜类砧木品种主要有哪些？

（1）相生　引进种。优良砧木，嫁接亲和力好，共生亲和力强，植株生长健壮，抗枯萎病，根系发达，较耐瘠薄，低温下生长性好，坐果稳定，果实大，对果实品质无不良影响。可用作西瓜、西葫芦、黄瓜的砧木。

（2）京欣砧1号　国家园艺作物工程技术研究中心育成。瓠瓜与葫芦杂交的西瓜砧木一代杂种。嫁接亲和力好，共生亲和力强，成活率高。嫁接苗植株生长稳健，根系发达，吸肥力强。种子黄褐色，表面有裂刻，较其他砧木种子籽粒明显偏大，千粒重150克左右。种皮硬，发芽整齐，发芽势好，出苗壮，不易徒长，抗早衰，不易倒瓢。适宜作保护地及露地栽培西瓜的砧木。

（3）超丰8848　中国农业科学院郑州果树研究所选育的无籽西瓜专用砧木品种。生长势弱，嫁接的西瓜抗病、易坐果、品质好。该砧木适用于长势较强的西瓜品种嫁接。

8. 葫芦与瓠瓜杂交砧木品种主要有哪些?

(1)超丰 F1　中国农业科学院郑州果树研究所育成。该品种作西瓜砧木,嫁接亲和力好,共生亲和力强,成活率高,杂种优势表现突出,不仅高抗枯萎病,抗重茬,而且叶部病害也明显减轻,植株生长健壮,根系发达,土壤适宜性广,吸肥能力强,具有耐移栽、耐低温、耐热、耐湿、耐干旱的特点。砧木苗在苗床上不易徒长,短而粗,嫁接操作方便,嫁接西瓜在低温下生长性好,生长快,坐果早而稳,提早成熟,能大幅度提高西瓜产量,较一般葫芦砧木产量高20%～30%,对西瓜果实品质无不良影响。适合作保护地栽培和露地地膜覆盖栽培嫁接苗的砧木。

(2)福祺铁砧2号　河南庆发种业有限公司育成。该品种种子灰白色,种皮光滑,籽粒稍大,千粒重125克。植株生长势强。根系发达,杂种优势显著,与西瓜共生亲和力强,愈伤组织形成快,成活率高。嫁接幼苗在低温下生长快。坐果早而稳。高抗枯萎病,抗重茬,叶部病害也明显减轻。由于其具有根系发达,生长旺盛,吸肥力强,抗病等优点,所以有力地促进了西瓜早熟和高产,而对西瓜品质无不良影响。适于作保护地及露地栽培西瓜的砧木。

(3)玉秀瓜砧一号　河南高效农业发展研究中心育成的杂交一代西瓜专用砧木新品种。作西瓜砧木嫁接亲和力好,共生亲和力强,成活率高。嫁接幼苗在低温下生长快,坐果早而稳。对促进西瓜早熟和提高产量(玉秀瓜砧一号较南砧产量高15%～20%)有明显的作用,对果实品质、风味无不良的影响。可用于保护地及露地西瓜嫁接砧木。

(4)福祺铁砧1号　河南省庆发种业有限公司育成的西瓜砧木新品种。该品种种皮皱褶较多,籽粒大,千粒重182克,植株生长势强。根系发达,杂种优势明显,与西瓜嫁接共生亲和力强,成活率高。嫁接植株根系发达,在低温下生长快,坐果早而稳。高抗枯萎病,叶部病害也明显减轻。后期不早衰,对西瓜品质无不良影响。适于作保护地及露地栽培西西瓜的砧木。

四、西瓜育苗

1. 如何进行基质配制?

各种基质材料和养分应分层倒入搅拌机。先倒入大量的草炭,增加基质湿度到 50% ~ 70%,有利于使用前浇水。切记:搅拌时间不要太长,否则会破坏蛭石等材料的颗粒结构,或者使基质颗粒细化出现板结现象;在基质装盘前,基质要过筛除去大颗粒,尽可能用大眼筛,避免过筛使基质质量下降。

为了防止基质变干和受污染,最好用多少配制多少,配制过程应尽量保持清洁。

基质在使用前可能含有病菌或虫卵,所以要对基质进行高温消毒处理,以杀死其中的病菌及虫卵。

如果基质材料是无毒的,则不需要对基质进行高温消毒处理。实际上,高温消毒也会杀死有益微生物,如硝化细菌等。

使用前一定要测试基质的 pH、EC 值和有效养分的含量,了解基质的物理特性,如持水力和孔隙度的比率等。

2. 如何进行基质消毒?

(1)蒸汽消毒 将 80 ~ 95℃高温蒸汽通入基质中以达到杀灭病原菌的目的。消毒时将基质放在专门的消毒柜中,通过蒸汽管道加温,密闭 20 ~ 40 分,即可杀灭大多数病原菌和虫卵。在进行蒸汽消毒时要注意每次消毒的基质不可过多,否则可能造成基质内部有部分基质在消毒过程中达不到杀灭病虫害所要求的温度而降低消毒的效果。另外还要注意在进行蒸汽消毒时,基质不可过于潮湿,也不可太干燥,以含水量 35% ~ 45% 为宜。过湿或过干都可能降低消毒的效果。蒸汽消毒虽然简便，但在大规模生产中的消毒过程还是较麻烦的。

（2）化学药剂消毒　是利用化学药剂对基质进行消毒的方法。一般而言，化学药剂消毒的效果不及蒸汽消毒好，而且对操作人员有一定的伤害。化学药剂消毒方法简单，使用广泛，特别是在大规模生产上普遍使用。

1）高锰酸钾消毒　高锰酸钾是一种强氧化剂，只能用在石砾、粗沙等没有吸附能力且较容易用清水冲洗干净的惰性基质的消毒上，而不能用于泥炭、木屑、岩棉、蔗渣和陶粒等有较大吸附能力的活性基质或难以用清水冲洗干净的基质上。因为这些有较大吸附能力或难以用清水冲洗的基质在用高锰酸钾溶液消毒后由基质吸附的高锰酸钾累积在基质中，可能造成幼苗锰中毒，或对幼苗造成直接伤害。用高锰酸钾进行惰性或易冲洗基质的消毒时，要先配制好浓度约为1∶5 000的溶液，将要消毒的基质浸泡在溶液中10～30分，将高锰酸钾溶液排掉，用大量清水反复冲洗干净即可。高锰酸钾溶液也可用于穴盘等的消毒，消毒时也是先浸泡，然后用清水冲洗干净。用高锰酸钾浸泡消毒时要注意，溶液浓度不可过高或过低，否则消毒效果不好，而且浸泡的时间不要过长，否则会在消毒的物品上留下黑褐色的锰沉淀物，这些沉淀会逐渐溶解出来而影响幼苗生长。一般浸泡时间不超过60分。

2）次氯酸钠或次氯酸钙消毒　是利用次氯酸钠或次氯酸钙溶解在水中时产生的氯气来杀灭病菌的。次氯酸钙是一种白色固体，俗称漂白粉。次氯酸钙在使用时用含有有效氯0.07%溶液浸泡需消毒的物品（无吸附能力或易用清水冲洗的基质或其他设备）4～5小时，浸泡消毒后要用清水冲洗干净。次氯酸钙也可用于种子消毒，消毒浸泡时间不要超过20分。但不可用于具有较强吸附能力或难以用清水冲洗干净的基质上。次氯酸钠的消毒效果与次氯酸钙相似，但它的性质不稳定，一般可利用大电流电解饱和氯化钠的次氯酸钠发生器来制得次氯酸钠溶液，每次使用前现制现用，使用方法与次氯酸钙溶液消毒法相似。

3. 如何选种？

只有高质量的种子才能保证播后苗齐、苗全、苗壮。

西瓜种子不同品种之间，千粒重差别非常大。薄皮西瓜种子的千粒重一般为 5 ～ 20 克，厚皮西瓜种子的千粒重为 20 ～ 80 克。播种量应根据种子大小、栽培密度、发芽率等确定。按每亩定植 2 000 株幼苗来计算，如果种子发芽率可以达 90% 以上，加上 10% 损耗，则每亩用种量在 2 400 粒左右。

在浸种催芽前就要对种子进行精选。选种时不但要考虑种子的纯度，而且要选择籽粒饱满的种子，除去畸形、霉变、破损、虫蛀的种子，以及秕籽和小籽。

4. 如何晒种？

播种前将种子在阳光下暴晒 1 天，每隔 2 个小时翻动 1 次，使种子均匀受光。阳光中的紫外线和较高的温度，不但对种子上附带的病菌有一定的杀灭作用，而且还可以促进种子后熟，增强种子的活力，提高发芽势和发芽率。

5. 如何浸种与消毒？

西瓜种子可以携带多种病菌和病毒。播种前浸种结合消毒，一方面可以使种子在较短的时间内吸足水分，保证发芽快而整齐；另一方面，可对种子表面及内部进行消毒，预防病毒病、枯萎病、炭疽病的发生。

（1）温汤浸种　在浸种容器内盛入 3 倍于种子体积的 55 ～ 60℃ 的温水，将种子倒入容器中并不断搅拌，使水温降至 30℃ 左右浸泡 3 ～ 4 小时。采用温汤浸种不仅使种子吸水快，同时还可以杀死种子表面的病菌，这是西瓜生产中最常用的浸种方法。

（2）干热处理　将干燥的西瓜种子在 70℃ 的干热条件下处理 72 小时，然后浸种催芽。这种方法对种子内部的病菌和病毒有良好的消毒效果。但要注意采用该法处理的种子要保证干燥，含水量高的种子进行干热处理，会降低种子的生活力。

（3）药剂消毒　是指利用各种药剂直接对种子进行消毒灭菌处理。0.2% 高锰酸钾溶液浸泡种子 20 分，捞出后用清水洗净，可以杀死种子表面的多种病菌。10% 磷酸三钠浸种 20 分后洗净，可起到钝化病毒的作用。50% 多菌灵可湿性粉剂 500 倍液浸种 1 小时，可杀死附在种子表面的枯萎病病菌及炭疽病菌等。

温馨提示

药剂消毒时，当达到规定的处理时间后，立即用清水洗净，然后在30℃的温水中浸泡3小时左右。浸种时应注意，浸种时间不宜过短或过长，过短种子吸水不足，发芽慢，且易"戴帽"出土；过长种子吸水过多，种子易裂开，影响发芽。另外种子消毒时，必须严格掌握药剂浓度，浸种后种子最好淘洗数遍，以免种子受药剂刺激而影响发芽或幼芽生长。

6. 如何进行催芽？

播前催芽是保证出苗快而整齐的一项关键措施。西瓜催芽就是指把经过种子消毒和浸种的西瓜种子放置在适宜的温度、湿度及透气条件下，使种子发芽的过程。种子经催芽之后，再进行播种，可以加速种子出土过程，提高发芽率和发芽整齐度，进而缩短苗期，有利于培育壮苗。

（1）西瓜催芽的温度与时间　催芽时，把浸种后晾好的种子用洁净的湿布（湿布不要过湿，以免影响透气，一般以用手紧握不滴水为准）包好，放于催芽设备中进行催芽。催芽时种子包不能太厚，以平放不超过3厘米厚为宜，以使种子受热均匀。西瓜种子的催芽最适温度为25～35℃，高于35℃或低于25℃都不利于种子的发芽。在催芽过程中注意每隔4～5小时翻动种子1次，进行换气，并及时补充水分。

西瓜催芽需20～36小时，当有60%～80%种子露白时应停止催芽，等待播种。

（2）常用催芽方法

1）电热毯催芽　将浸好的种子用纱布袋装好，放在垫有塑料薄膜的电热毯上，上面先盖上塑料薄膜隔湿，再盖上棉被保温。此法使用非常方便，技术易掌握。

2）催芽箱催芽　有条件的可利用专用恒温箱进行催芽。将种子用湿布包住，置恒温箱中维持在30℃，每4小时翻动1次，直至种子出芽露白。此法温度可任意调节，且调整好后温度恒定，催芽效果好，特别是进行变温催芽，使用此法更加方便。

温馨提示

  A. 温度 催芽温度要适宜而且恒定，切忌忽高忽低，以免影响种子的发芽力。

  B. 湿度 催芽过程中湿度要适宜，尽量不要淋洗，防止种子周围水分过多引起烂种、烂芽。

  C. 空气 催芽用的容器，包括布、盖种布等器物，都要透气良好，不要在密闭不透气的环境中催芽。

  D. 发芽整齐度 若催芽时出现发芽不整齐现象时，可将种子从高温处移至 -1～3℃ 环境中存放 8～12 小时。这样可明显抑制发芽种子的萌动，促进未发芽种子的萌动，不但不影响发芽率，而且还可增加萌发种子的抗寒性，并做到出芽整齐。

  E. 标准 当芽长达 0.3～0.5 厘米时，即可拣出播种；未发芽的，继续再催。催过芽的种子，如不能立即播种，应放于冷凉（5～10℃）处控芽，以免芽过长，播种时折断。

---

7. 如何确定播种期？

  适宜的播种期对于西瓜生产来说非常重要。如播种过早，由于外界温度低或茬口腾不出无法定植，苗龄长，根系易木栓化，形成小老苗，致使定植后僵苗不发。如播种过晚，不能最大限度地发挥其延长生育期的潜能而失去育苗的意义。

  西瓜播种期的确定，是根据不同栽培茬次的适宜定植期及苗期的长短向前推算得出的，定植日期减去苗期天数即是播种日期。由于受外界气候条件以及生产效益最大化等因素的影响，不同栽培茬次适宜的定植期是基本确定的，所以播种期主要受苗期长短的影响。而苗期的长短主要由不同育苗设施、育苗所处的季节、育苗技术和品种特性等情况来确定。一般情况下，早春茬西瓜的苗期为30天（常规苗）至50天（嫁接苗），而夏秋季节进行西瓜育苗，由于外界温度高、光照强，幼苗生长速度快，育苗期较短，在10～20天；在冬季育苗时，如果设施性能好，同时又采用电热温床进行育苗时，由于环境条件适宜幼苗生长，与普通苗床相比西瓜幼苗生长发育速度也快，育苗期短。

8. 怎样控制基质含水量？

高温和强光会加快水分蒸发和蒸腾作用，使穴盘变干。在低温、多云或通风差等造成的高湿环境下，穴盘干得较慢，但光合作用还很强，如果水分充足，会使幼苗徒长。每次的浇水量、施肥次数及肥料类型对下次施肥有影响。幼苗根系完全发育会吸收更多的水分，加快基质变干。如果天气晴热，很容易出现幼苗萎蔫现象。

通常是根据幼苗生长的需要，让育苗基质稍干一些比较好。在种子萌发期，穴盘的下半部分基质绝对不能变干。在种子萌发后幼苗出土时，主要是控制穴盘上半部分的湿度。在幼苗快速生长期，要控制整个穴盘基质的湿度，尤其是下半部分的湿度，并需要干湿度按一定周期变化，以利于根的发育。当施用肥料或杀菌剂的时候，必须浇透基质。当用清水浇灌时，要求水分流出穴盘。但是在以下几种情况下灌溉量只需达到基质最大持水量的一半比较合适：①天气由晴变冷、变阴；②育苗设施内湿度特别高；③穴盘基质的下半部分仍比较湿润；④第二天早晨要对幼苗施肥。因此在天气炎热的时候，浇一半水可以有效控制幼苗徒长。

基质含水量的控制：

（1）看　基质表面颜色由深变浅，说明开始变干，这种预示在种子萌发阶段尤其重要。通过观察穴盘底部的基质干湿情况，决定是否浇水。另外，幼苗本身就是基质水分状况的最佳指示物，通常水分缺乏时幼苗表现为叶片萎蔫或下垂。

（2）摸　用手摸基质表面，可以感觉到基质的湿度，看到基质表面有水分渗出。

（3）估重　托起穴盘估计重量，也是判断基质湿度一种比较好的方法，但需要预先检测不同湿度水平的穴盘重量。

（4）算　计算距上一次浇水的时间，也可进行判断。

9. 育苗期怎样进行合理浇水?

（1）幼苗体内的水分平衡　在正常情况下，幼苗蒸腾失水，同时又不断地从基质中吸收水分，形成了吸水与失水的连续运动的生命过程。一般把植物的吸水、用水、失水三者的和谐动态关系叫作水分平衡。当蒸腾大于吸水时，体内含水量下降，水势和膨压也相应降低。超过一定限度时，正常生理过程就会受到干扰，甚至使植物遭受损伤，这种水分亏缺称为水分胁迫或水分逆境。幼苗体内的水分平衡是有条件的、暂时的和相对的，而不平衡是经常的和绝对的。所以在实际育苗水分管理中，采取短时间的控水对壮苗培育是有意义的。

（2）基质含水量指标　穴盘育苗通常是根据基质含水量来进行浇水，一般幼苗生长较好的基质含水量为60%～80%。

（3）幼苗缺水的形态指标

1）生长速率下降　枝叶对水分亏缺最为敏感，轻度的缺水，光合作用还未受到影响，但生长已严重受到抑制。

2）幼嫩叶的凋萎　当水分供应不足时，细胞膨压降低，因而叶片发生萎蔫。

3）茎叶颜色变红　当缺水时植物生长缓慢，叶绿素浓度相对增加，叶色变深，茎叶变红，反映出受旱时碳水化合物的分解大于合成，细胞中积累了较多的可溶性糖，并转化为花青素。

（4）幼苗缺水的生理指标

1）叶片内水势　当植物缺水时，叶片内水势下降。对不同作物，发生干旱危害的叶中水势临界值不同。不同叶片、不同取样时间测定的水势值也有差异。

2）细胞汁液的浓度或渗透势　在干旱情况下，幼苗细胞汁液浓度会升高，其浓度的高低常常与幼苗的生长速率呈反比。当细胞汁液浓度超过一定值后则阻碍幼苗生长。

3）气孔状况　水分充足时气孔开度较大，随着水分的减少气孔开度逐渐缩小；当基质中的毛管水耗尽时，气孔完全关闭。因此，气孔开度缩小到一定程度时则需要浇水。

合理浇水既要考虑基质含水量，又要考虑幼苗形态及生理指标。其中生理指标能够较好地反映幼苗体内的水分状况，较为科学。

10. 育苗期怎样科学施肥？

（1）看苗施肥　在从播种到胚根出现的生长阶段，如果基质中含有初始养分则无须施肥。如果基质中初始养分含量很低或是没有，就要在种子萌发后立即施肥。可施用铵态氮肥，以含氮25～50毫克/千克为宜，直到子叶完全展开。

在从胚根出现到子叶完全展开的生长阶段，幼苗开始进行光合作用，一般施用铵态氮肥，每周应施用含氮50～75毫克/千克的肥料1～2次。多浇水就要多施肥。

在幼苗的快速生长阶段，则需要更多的养分。根据浇水次数，把含氮量增加到100～150毫克/千克，每周施用1～2次。要避免铵态氮含量太高。同时应保持pH在5.8～6.8，EC值在1毫西/厘米左右。

在炼苗、移栽或运输前，环境温度需要＜18℃，以限制生长的速度。这时应使用含氮为100～150毫克/千克的硝态氮肥料。因为硝态氮和钙含量高的肥料会使植物茎秆粗短健壮，根系发达。应使基质pH低于6.5，EC值＜1毫西/厘米。在移栽前3天使养分EC值保持在0.5～0.75毫西/厘米，肥料中氮的含量可达150～300毫克/千克。

（2）看环境条件施肥

1）温度　幼苗的生长将随着温度的变化而变化。同一种作物在日平均温度为18℃的时候，生长速度比21℃时要慢。幼苗对基质温度最敏感，一般空气温度和基质温度可相差3～6℃。当使用根区加热系统时，空气温度不太重要，实际空气温度可以低于基质温度。当基质温度低时，会降低幼苗的生长速度，施肥量也应作相应的调整。当低于15℃时，铵态氮被转化成硝态氮的速度减慢。植物生长缓慢，铵态氮在基质中累积，就会导致铵中毒。总之，在低温下应减少肥料的用量。当基质温度高于18℃时，幼苗对铵态氮的利用率提高，需要认真把握。如果铵态氮太多，将导致茎叶过度生长，而根系生长滞后。

2）光照　在冬季光照度＜16 000勒，处于快速生长的幼苗会发生徒长，叶子大而软，根系生长比茎叶生长慢，施肥量和施肥次数应减少，要施用低铵态氮、高硝态氮并含钙的肥料。当光照度＞26 000勒时，由于光合作用增强，需要施用铵态氮含量高的肥料，以满足幼苗快速生长的需要。

3）基质含水量　如果浇水太多，水从穴盘底部流出，很多养分就会流失，则需要多施肥。在较干的基质中，透气性好，根系发达，但根系周围的盐分会累积，因此要特别注意。

4）环境条件的相互作用　在穴盘育苗中，没有一个环境因子是单独发生作用的，必须综合考虑温度、光照、湿度和基质含水量，然后决定施什么肥、什么时候施肥、施多少肥。对天气的阴、晴、冷、暖的变化，要经常做出反应。如果天气将变冷、转阴，应选用浓度较低的铵态氮肥料；如果天气将转晴、转暖，可以用浓度较高的铵态氮肥料。在气温低、阴天、空气潮湿的情况下，通常不能控制幼苗的生长，不能获得发达的根系，还会感染病害。这时，要认真控制湿度，提高通风条件，可少量使用含高钙的高硝态氮肥料，然后期待晴天。

11. 嫁接用具及嫁接场地有何要求?

（1）切削工具　作物嫁接时，由于目前市场上还没有专用的园艺作物嫁接切削工具，一般使用人用双面刮须刀片削切砧木和接穗。

为了便于操作，可将刀片沿中线纵向折成两半，并截去两端无刀锋的部分。

（2）接口固定物　嫁接后砧木与接穗要在接口处进行固定，以方便切口愈合。固定接口最方便的是用塑料嫁接夹，如图4-1所示，这是嫁接专用夹子，小巧轻便，价格低廉，现已有专业厂家大批量生产，一次投资可多次使用。

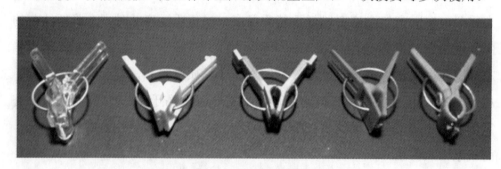

图4-1　嫁接口固定夹

（3）用具的消毒及去污　在广口瓶中放入75%乙醇、棉花，用于工作人员的手指、刀片等消毒，砧木和接穗上有泥污时，在切削前要用卫生纸擦除，以防止病菌或污物从切口处带入植株体内，引起病害的发生，导致嫁接失败。

（4）嫁接场所要求

1）空气温、湿度适宜　温暖的环境，不但嫁接工作人员操作灵便，而且对植株切口愈合也有利。空气的相对湿度与接穗的失水萎蔫程度密切相关，因此，要求温度 25～28℃、空气相对湿度在 95% 以上的温暖湿润环境，以防止接穗失水萎蔫，利于嫁接苗伤口愈合。

2）无风　绝对无风的环境，与切口愈合速度快慢密切相关。

3）嫁接台及其他　为了提高嫁接工效，用长条凳或木板作为嫁接台，专人进行嫁接，专人取苗运苗，连续作业，防止出现差错。

12. 砧木、接穗楔面的切削有何要求？

（1）砧木与接穗的楔面要求

1）角度　接穗楔面的角度一般 30°较适宜。斜角越大，楔面越短，插入砧木切口接触面越小，而且不稳固，易被挤出而影响愈合成活。斜角越小，楔面越长，插入砧木切口时因楔面薄而不易插入，也会影响愈合成活，如图 4-2 所示。

2）楔面平、先端齐　接穗的楔面先端只有平齐才能与砧木的切口紧密结合。楔面不平或先端不齐，插入切口后会有空隙，也影响愈合成活，如图 4-3 所示。

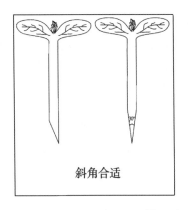

斜角合适

图 4-2　楔面角

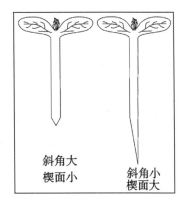

斜角大
楔面小

斜角小
楔面大

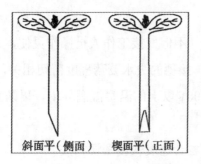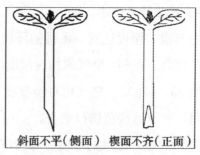

图 4-3 斜面楔面

13. 人工嫁接主要有哪些方法？

人工嫁接的方法有很多，根据砧木及接穗的品种特性、嫁接工人的手法与操作熟练程度、设施环境条件等因素而有所差异，主要可以分为靠接、插接、贴接等几大类。

（1）靠接　靠接法是指分别在砧木和接穗的适当位置各斜切一切口，两切口方向相反，大小相近，把砧木和接穗幼苗的两切口契合后固定在一起，形成嫁接苗的嫁接方法。

1）砧木和接穗适宜大小　当接穗幼苗长到 5～6 片真叶，砧木长出 7～8 片真叶时，取两株大小粗细相近的幼苗进行嫁接。取苗时要把砧木苗和接穗苗按大小分类拔取，以方便嫁接操作。

2）嫁接方法　嫁接时取大小相近的砧木苗和接穗苗，把二者都拔出苗床备用。取一株砧木苗，先切去砧木的生长点，再从 5～6 叶片处由上而下呈40°斜切一刀，切口深度为茎粗的 1/3（深度不能超过茎粗的 1/2，但也不可过浅，否则会影响嫁接成活率），下刀要掌握准、稳、狠、快的原则，一刀下去，不可拐弯和回刀，切好后，把砧木苗放于操作台上。而后立即拿起适宜的接穗苗，用同样的方法，在 4～5 片叶处由下而上呈 30°斜切一刀，深度为茎粗的 1/2，然后将两切口紧靠后用嫁接夹固定好，使嫁接夹的上口与砧木和接穗的切口持平，砧木处于夹子外侧。各工序操作完毕，要随即把嫁接苗栽于营养钵或苗床内，栽植时为利于以后断根，砧木和接穗根系要自然分开 1～2 厘米。

（2）插接

1）嫁接工具　双面刀片和嫁接针。

2）操作要领

第一步　取砧木。取砧木一株放于操作台上（图4-4）。

图4-4　砧木苗

第二步　剔除砧木生长点。先用左手中指和无名指夹住砧木苗的下胚轴，食指从两子叶间的一侧顶住生长点，剔去砧木生长点（图4-5）。

第三步　插孔。用嫁接针在伤口处顺子叶连接方向向下斜插深0.7～1.0厘米的孔，不可插破下胚轴（图4-6）。

第四步　将砧木迅速稳放于操作台上，嫁接针先不要拔出。

第五步　削接穗（图4-7）。

图4-5　剔除砧木生长点

图 4-6　插孔

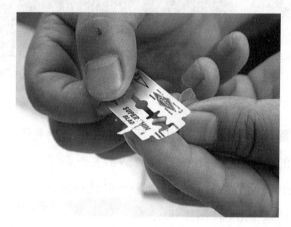

图 4-7　削接穗

　　第六步　插合。拔出砧木上的嫁接针，将接穗插入砧木插孔内，并使砧木子叶与接穗子叶呈十字状，接穗下插要深，以增加愈合面积，提高成活率（图4-8）。

图 4-8　插合

（3）贴接

1）嫁接工具　双面刀片和嫁接针。

2）操作要领　砧木顶土待出时播接穗，待砧木破心正好接穗出苗时为嫁接适期。

第一步　处理砧木。嫁接时自砧木顶端呈30°削去一片子叶和刚破心的真叶（图4-9）。

图4-9　处理砧木

第二步　处理接穗。取接穗苗从子叶下留2厘米削成单面楔形，楔形长度与砧木接口长度相等（图4-10）。

图4-10　处理接穗

第三部　贴合固定。迅速使二者的切口贴合，用嫁接夹固定即可假植（图4-11）。

图4-11 固定

（4）双断根嫁接 双断根插接嫁接法，是将砧木拔离苗床，切断根系及部分下胚轴后，采用插接法嫁接。与常规插接法不同之处是常规插接法砧木根系在育苗钵或穴盘中，不离土直接嫁接。可以配合插接或贴接完成。

1）双断根嫁接的优势 主要包括以下几个方面：

一是发出的新根（须根）数量多，根系活力强，与直根系相比，根系面积大，对水分和养分的吸收能力强，定植后生长快。二是嫁接速度快，可以将嫁接工序进行分解，特别适合育苗工厂进行操作。三是采用双断根可以有效控制由于砧木的徒长所导致的嫁接苗徒长，生产出的嫁接苗生长整齐，商品性好。四是采用双断根后再将嫁接苗回栽到穴盘时，可以调整子叶的方向，可以促进嫁接苗的成活。

2）嫁接时期的选择 当砧木长到1叶1心（一片真叶展开，第二片真叶露心），接穗子叶展开时（最好是第一片真叶露心时）即可嫁接。

3）嫁接方式 同插接或贴接。

4）回栽 嫁接后要立即将嫁接苗保湿，尽快回栽到准备好的穴盘中。插入基质的深度为2厘米左右，回栽后适当按压基质，使嫁接苗与基质接触紧密，防止嫁接苗倒伏，并有利于生根。

14. 嫁接后应如何管理？

（1）嫁接成活的4个阶段 嫁接后砧木与接穗的愈合过程，根据接合部位的组织变化特征，可分为接合期、愈合期、融合期、成活期。

1）接合期　由砧木、接穗切削后切面组织机械接合，切面的内侧细胞开始分裂，形成接触层，接合部位的组织结构未发生任何变化，没有愈伤组织发生，至愈伤组织形成前为接合期，如果管理得当只需 24 小时就可进入第二阶段。进入此阶段较明显的外界特征是：砧穗已接合在一起，轻轻摇晃或抽拉嫁接苗二者不再分离，强制分离时，可听到轻微的撕裂声响。

2）愈合期　砧木与接穗切削面内侧开始分化愈伤组织，致使彼此互相靠近，至接触层开始消失之前，穗砧间细胞开始水分和养分渗透交流。此阶段需 2～3 天。愈合阶段愈伤组织发生的特点是，最初发生在穗、砧紧贴的接触层内侧，表明穗砧彼此间都具有积极的渗透作用，而在砧木一侧愈伤组织发生较早，数量较多，表明嫁接苗在成活过程中砧木起着主导作用。愈伤组织的形成不仅限于维管束形成，穗砧各部位的薄壁细胞都具有发生愈伤组织的能力，在愈伤组织中多处发生无丝分裂现象。这与木本植物嫁接接合愈伤组织发生不同，这也是园艺作物嫁接容易成活的原因之一。特别是瓜类，它们具双韧维管束，以木质部为中心，外侧内侧均有韧皮部，以同心的方式，分布于茎的四周，嫁接操作时，只要砧木与接穗的切面平滑，二者能够紧密相接，它们的形成层接触的机会就多，这也是嫁接后愈合较快的原因之一。当薄壁组织细胞受机械损伤以后，创伤面的内侧薄壁细胞恢复分生能力，以无丝分裂的方式弥补损伤。

3）融合期　接合部穗砧间愈伤组织旺盛分裂增殖，使接穗和砧木间愈伤组织紧密连接，二者难以区分致使接触层消失，直至新生维管束开始分化之前。此期一般需 3～10 天，但接合部与穗砧彼此间大小有关，穗砧大所需时间较长，反之则所需时间较短。

4）成活期　穗砧愈伤组织中发生新生维管束，至彼此连接贯通，实现真正的共生生活。嫁接后一般经 8～11 天进入成活期，此期组织切片特征是砧穗维管束的分化，在连接过程中接穗起先导作用。接穗维管束的分化较砧木早，新生输导组织较砧木多，新生维管束在穗砧接合紧密部位，而在砧木空隙较大部位均不发生，表明砧穗接合紧密，是提高嫁接成活的关键。

温馨提示

日本学者研究西瓜与葫芦嫁接成活过程证明：西瓜与葫芦愈伤组织形成较慢，数量少，穗砧间空隙较大（形成表皮毛），输导组织不发达，成活过程较慢，1～4天为接合期，5～9天为愈合期，10～13天为融合期，14天进入成活期，较长的接合期和愈合期造成嫁接成活率低，表现亲和力低，愈合面小，输导组织不发达，影响嫁接苗的生长和共生亲和力。

（2）嫁接后的环境要求

1）温度　嫁接苗在适宜的温度下，有利于接口愈伤组织形成。据多次试验认为，瓜类嫁接苗愈合的适宜温度，白天25～28℃，夜间18～22℃；温度过低或过高均不利于接口愈合，并影响成活。因此，早春温度低的季节嫁接，育苗场所可配置电热线，用控温仪调节温度。也可配置火炕或火垄，用摄氏温度计测温，通过放风与关风或加热与否进行调温。在高温季节嫁接，要采取盖遮阳网、喷水等办法降低温度。

2）湿度　嫁接苗在愈伤组织形成之前，接穗的供水主要靠砧木与接穗间细胞的渗透，供水量很少，如果嫁接环境内的空气相对湿度低，容易引起接穗萎蔫，严重影响嫁接的成活率，因此保持湿度是嫁接成功的关键。在接口愈合之前，必须使空气相对湿度保持在90%以上，方法是：嫁接后扣上小拱棚，棚内充分浇水，盖严塑料薄膜，密闭3～4天，使小棚内空气湿度接近饱和状态，小棚膜面布满水珠为宜。基本愈合后，在清晨、傍晚空气湿度较高时开始少量通风换气。以后逐渐增加通风时间与通风量，但仍应保持较高的湿度，每天中午用清水喷雾1～2次。直至完全成活，才转入正常的湿度管理。

3）光照　砧木的发根及砧木与接穗的融合、成活等均与光照条件关系密切。研究表明，在光照度5 000勒、12小时长日照时成活率最高，嫁接苗生长健壮；在弱光条件下，日照时间越长越好。嫁接后短期内遮光实质上是为了防止高温和保持环境内的湿度，避免阳光直接照射秧苗，引起接穗的凋萎。遮光的方法是在塑料小拱棚外面覆盖草帘、纸被、报纸或不透光的塑料薄膜等遮盖物。嫁接后的前3～4天要全遮光，以后半遮光，逐渐在早、晚以散射光弱照射。随着愈合过程的进行，要不断增加光照时间，10天以后恢复到正常管理。遇阴雨天可不遮光。注意遮光时间不能过长，遮光不能过度，否则会影响嫁接苗的生长，长时间得不到阳光的幼苗，植株因光合作用受影响、耗尽养分而死亡，所以应逐步增加光照。

4)二氧化碳　环境内施用二氧化碳可以使嫁接苗生长健壮，二氧化碳浓度达1毫升/升时比普通浓度0.3毫升/升的成活率提高15%，且接穗和砧木根的干物重随二氧化碳浓度的增加而大幅度提高。施用二氧化碳后，幼苗光合作用增强，可以促进嫁接部位组织的融合，而且由于气孔关闭还能起到抑制蒸腾防止萎蔫的效果。

（3）确保嫁接成功的诀窍

1)熟练嫁接技术　嫁接实践证明，嫁接苗的成活率，取决于砧木、接穗切口或插孔的愈合速度的快慢。切口或插孔愈合速度的快慢，除受环境条件（温度、光照、气体、湿度）及砧木和接穗本身质量影响外，主要与嫁接时对砧木、接穗的切口（或插孔）的处理有关。对切口（或插孔）的处理包括：①砧木切口或插孔的位置是否合适。②接穗的楔形切削是否合适，特别是双面楔的切削是否处于水平位置。③靠接用的舌形楔的是否顺直，楔面的宽度和长度是否到位等。这些都与嫁接工作者的技术熟练程度有关。

2)综合运用多种嫁接手段　砧木和接穗在播种出苗至生长到适宜嫁接苗龄的时间里，无时无刻不在受着环境因素（水分、肥料、气体、温度、光照、土壤通透性等）的影响，管理稍有不慎，在生产中就会出现砧木与接穗不适嫁接的情况，具体表现在：①插接时砧穗粗细不配。②靠接时幼苗的高低不配。③贴接时苗龄不配等。有时嫁接工作者只会一种嫁接方法，一旦出现砧穗嫁接苗龄不适的情况，便束手无策，白白地将苗子扔掉。因此，嫁接工作者一定要多掌握几种嫁接方法，在嫁接过程中，视接穗和砧木的单株幼苗生育状况，采用不同的嫁接方法。如砧粗穗细可采用插接法，砧细穗粗可采用贴接法；砧大穗小可采用插接法；穗大砧小可采用靠接法，或芯长接法；砧低穗高可采用贴接法或劈接法；砧高穗低可采用直切法等。

（4）西瓜苗嫁接失败后的补救

1)清理砧木和补育接穗　西瓜嫁接后的第五天，检查和清点嫁接未成活及不可能成活的嫁接苗数量，将不能成为有效嫁接苗的苗全数拣出。为方便补接，应将拣出的砧木苗按 2 片子叶正常、1 片子叶正常、生长点严重伤残（下裂 1 厘米左右或呈较大孔洞，但至少保持 1 片子叶正常生长）分别集中整齐排放，清除遗留在砧木上的废接穗，分类入畦。敞开小拱棚降温降湿，用 70% 甲基硫菌灵可湿性粉剂 800 倍液喷洒砧木苗，以防病菌侵染，促使砧木组织充实和伤口木栓化，提高补接成活率。

嫁接后第五天，在检查嫁接成活率的同时，浸种催芽补接用的接穗，播种量可根据砧木未接活和可能未接活的 1.5 倍确定。用苗盘盛已消毒的沙壤土或河沙做接穗苗床，1 米^2 播种 50～100 克。从浸种至种子80% 左右露白，需 1～1.5 天，播种后保温保湿 2～3 天，幼苗露土后宜将苗盘置于育苗棚室内近入口处，降温降湿炼苗 1 天，以利嫁接。

2）补接方法　接穗露土后子叶开始展开即可补接。根据砧木苗原接口伤害程度，通常采用下列 3 种补接方法。

A. 劈接　2 片子叶都正常生长，且生长点原接口较小、下裂较浅的砧木苗，宜选用劈接法补接。先削接穗，用刀片于子叶节下约 0.5 厘米处开刀，轻轻地自上而下削去下胚轴一层皮，再翻转接穗，在对应的另一侧用同样方法切削。要求削面长度 1～1.5 厘米，切面平直，接穗削成长楔形；紧接着用刀片去除砧木再次萌发的心叶，小心不要伤着 2 片子叶，再用刀片于胚轴的光滑完好的一侧自 2 片子叶间往下垂直劈开，深达 1.5 厘米，宽以不超过砧木胚轴直径的 2/3 为宜，不可将砧木子叶节两侧全切开。砧木切口劈开后，立即将削好的西瓜苗迅速插入砧木切口内（削接穗时应注意使砧木与接穗的子叶在接合后呈"十"字形交叉），插入深度 1～1.5 厘米（以接穗削面开刀处插至平齐砧木劈开起点为限），轻轻压平至接穗与砧木的表面平齐，最后用嫁接夹夹牢，使接合面接触紧密。

B. 贴接　一片子叶生长保持正常，另一片子叶残缺或子叶基部孔洞较大，但生长点原接口较小、裂口较浅的砧木苗，可选用单叶贴接法补接。首先，用刀片呈 75°切除生长点与生长不正常的一片子叶，切面长 0.7 厘米左右；然后拔起接穗，在其子叶下 0.5 厘米处，在胚轴的宽面向下斜削成与砧木切面长度相当的斜面，把接穗削面贴合在砧木的切面上，使砧、穗一侧表面平齐，用嫁接夹夹牢。

C. 芽接　对于砧木胚轴较长(超过4.5厘米)，且至少保持一片子叶正常生长，原接口形成孔洞，或原接口下陷较深的砧木苗，应采取芽接法补接。先切砧木，在砧木子叶节下约1.5厘米处，用刀片自胚轴狭面由上向下斜切，切口长度0.8～1厘米，深及胚轴1/3，切面平直；接着切削接穗，自子叶节下约0.5厘米处起刀，在胚轴的狭面由上而下削去一层表皮，再翻转接穗切削对应的另一侧，接穗两侧切成削面长短不等的楔形，接穗长削面对着砧木胚轴将接穗迅速插入砧木切口，使砧、穗切削面充分贴合紧密，用嫁接夹夹牢。

3)接后管理　补接后的嫁接苗，主要从防病、保湿、遮光、通气、除萌、增光、揭膜、取夹、炼苗等方面加强管理，其环境条件的调控管理，与插接苗的常规培育基本相同，但必须注意及时切除补接接穗易发生的气生根。由于补接育苗期间的气温回升较快，加之砧木苗的组织结构较以前充实，韧性增强，因而补接的瓜苗比原接的愈合期短、生长快。补接苗达2～3叶1心时，一般仅比原嫁接瓜苗晚6～8天，比再播种砧木的嫁接苗要提早10～12天，成苗率可提高90%左右。

15. 基质育苗苗期管理窍门有哪些?

由于基质的保水性相对较差，与有土育苗相比，浇水次数要相对频繁，特别在利用营养钵和穴盘进行育苗时，由于其容纳基质量较少，更要增加浇水次数，并且在播种前底水一定要浇透。

(1)低温季节育苗　冬春季节育苗时，播种后出苗前，要用地膜把营养钵(穴盘)覆盖，既保温，又有保湿的效果，可以保证在种子出土前不浇水。

(2)高温季节育苗　在夏季等高温季节育苗时，由于温度高，水分蒸发快，要小水勤浇，保持上层基质湿润，以利出苗，但是浇水量不可过大，防止种子腐烂。出苗后要控制水量，防苗徒长。随着幼苗的不断生长，要加大浇水量和次数，此时不能缺水，否则易形成老化苗。

(3)其他管理措施　幼苗叶完全展开后需喷施配方1/3浓度的营养液，1天喷施1次，要在10时前或16时后进行。当长出2片真叶后，施用配方1/2浓度的营养液，随着植株的生长，逐渐增加营养液浇灌次数，并提高营养液的浓度，到定植前后就可以按正常量浇施营养液。在低温季节浇灌营养液时，最好把温度控制在 20 ～ 25℃，以免对地温造成影响。

16. 如何进行温度调节？

播种后至出苗前，苗床以保温为主，加强覆盖，不通风，白天气温控制在 28 ～ 32℃、夜间 17 ～ 20℃。出苗后适当降温，白天气温控制在 22 ～ 25℃、夜间 13 ～ 15℃。幼苗第一片真叶显露后，白天气温控制在 25 ～ 30℃、夜间 15 ～ 18℃，地温（基质温度）保持在 23 ～ 25℃，以促进根系生长。定植前 7 天，夜间温度可逐渐降至 6 ～ 12℃进行低温炼苗。从种子播入到出土前要求床温较高，一般 30℃左右，以促进长芽出苗。如果温度低会使出苗时间延长，种子消耗养分过多，苗瘦弱变黄，抗性降低。为了提高地温，可在苗床上铺杂草、牛马粪、木屑等酿热物，也可铺地热线。出苗后应降低温度，控制幼苗徒长，白天 22 ～ 25℃，夜间 18 ～ 22℃。定植前加强通风，逐渐降温到 20℃左右进行蹲苗，直至与外界气温一样。

保护地内保温的基础是要有合理的建造结构，日光温室外夜间覆盖的草苫上加盖一层农膜；室内加一层或双层保温幕（聚乙烯、聚氯乙烯、无纺布等材料），白天敞开，夜间拉幕保温；多施农家肥可增加土壤蓄热保温能力；日光温室前挖防寒沟可提高室内地温；温室出入口设置工作间，减少人员出入热量的散失；掌握适当的通风时间，寒冷时减少通风量和通风次数，如在冬季和早春，当棚室内气温升到 30℃左右时，不要立即放风，而要维持一段时间以进一步提高地温。在温度调节时，一定要注意和其他因素的协调，如阴天时棚室内的温度并不高，但湿度较大，为了将湿度降下来，还是要适当放风。其调控措施主要包括保温、加温和降温 3 个方面。

（1）保温 温室内散热有 3 种途径：一是经过覆盖材料的围护结构传热，二是通过缝隙漏风的换气传热，三是与土壤热交换的地中传热。三种传热量分别占总散热量的 70% ～ 80%、10% ～ 20% 和 10%。常用的保温措施有：

1）多层覆盖保温 可采用大棚内套小棚、小棚外套中棚、大棚两侧加草苫，以及固定式双层大棚、大棚内加活动式的保温幕等多层覆盖方法，都有较明显的保温效果。

2）降低温室高度 适当降低温室的高度可以缩小夜间保护设施的散热面

积，有利于提高设施内昼夜的气温和地温。

3）增加温室的透光率　使用透光率高的玻璃或薄膜，正确选择保护设施方位和屋面坡度，尽量减少室内阴影面积，经常保持覆盖材料清洁。

（2）加温　加温措施主要有炉灶煤火加温、锅炉水暖加温。

我国传统的单屋面温室，大多采用炉灶煤火加温，近年来也有采用锅炉水暖加温或地热水暖加温的。大型连栋温室多采用集中供暖方式的水暖加温，也有部分采用热水或蒸汽转换成热风的采暖方式。塑料大棚大多没有加温设备，少部分使用热风炉短期加温，对提早上市提高产量和产值有明显效果。用液化石油气经燃烧炉的辐射加温方式，对大棚防御低温冻害也有显著效果。

（3）降温　温室内降温最简单的途径是通风，但在温度过高情况下，依靠自然通风不能满足作物生育的要求时，必须进行人工降温。常用的降温方法有：

1）遮光降温法　遮光 20%～30% 时，室温相应可降低 4～6℃。在与温室大棚屋顶部相距 40 厘米左右处张挂遮光幕，对温室降温很有效。遮光幕的质地以温度辐射率越小越好。一般塑料遮阳网都做成黑色或墨绿色，也有的做成银灰色。室内用的白色无纺布保温幕透光率在 70% 左右，也可兼作遮光幕用，可降低棚温 2～3℃。

2）屋面流水降温法　流水层可吸收投射到屋面的太阳辐射的 8% 左右，并能用水吸热来冷却屋面，室温可降低 3～4℃。采用此方法时需考虑安装费和清除玻璃表面的水垢污染的问题。水质硬的地区需对水质做软化处理后再用。

3）喷雾降温法　①细雾降温法。在室内高处喷以直径小于 0.05 毫米的浮游性细雾，用强制通风气流使细雾蒸发达到全室降温，喷雾适当时室内可均匀降温。②屋顶喷雾法。

4）强制通风　大型连栋温室因其容积大，需强制通风降温。

17. 如何进行湿度调节?

高湿是温室湿度环境的突出特点。特别是室内夜间随着气温的下降空气相对湿度逐渐增大，往往能达到饱和状态。多数园艺作物光合作用适宜的空气相对湿度为 60%～85%，低于 40% 或高于 90% 时，光合作用会受到阻碍，从而使生长发育受到不良影响。苗床浇水一方面既要掌握浇水期，另一方面也要掌握浇水量，达到节约用水和高效利用的目的。

（1）通风换气　设施内造成高湿原因是密闭。为了防止室温过高或湿度过大，在不加温的设施里进行通风降湿效果显著。一般采用自然通风，用调节风口大小、时间和位置，达到降低室内湿度的目的，但通风量不易掌握，而且室内降湿不均匀。在有条件时，可采用强制通风，可由风机功率和通风时间计算出通风量，而且便于控制。

（2）加湿　低温季节火炉加温时，会遇到干燥、空气相对湿度过低的问题，此时就要考虑加湿的问题。常用的加湿措施有土壤浇水、喷雾加湿、湿帘加湿等。

18. 如何进行光照调节？

苗期要加强光照管理，在保证幼苗正常生长发育所需适宜温度的前提下，为增加见光时间，对不透明覆盖物要早揭晚盖，并保持覆盖薄膜表面清洁，播种后要浇透育苗盘，使基质最大持水量达200%以上；子叶展开至2叶1心，基质水分含量为最大持水量的65%～70%；2叶1心至定植前，基质水分含量保持在60%左右。

（1）光照调节　日光温室的热源是阳光，冬春季节在使用保护设施的条件下光照弱是制约生产的主要因素，因此改善室内的光照条件非常重要。温室内栽培对光照条件的要求：一是光照充足，二是光照分布均匀。

从我国目前的国情出发，主要还依靠增强或减弱农业设施内的自然光照，适当进行补光，而发达国家补光已成为重要手段。

1）改进温室结构、提高透光率　选择好适宜的建筑场地及合理的建筑方位，确定的原则是根据设施生产的季节，当地的自然环境，如地理纬度、海拔高度、主要风向、周边环境（有否建筑物、地面平整与否等）而定。

2）设计合理的屋面坡度和长度　单屋面温室主要设计好后屋面仰角，前屋面与地面交角，后坡长度，既保证透光率高也兼顾保温效果好。调整屋面角要保证温室尽量多进光，还要防风、防雨（雪）使排水除雪顺畅。

3）设计合理的透明屋面形状　尽量采用拱圆形屋面，采光效果好。

4）骨架材料　在确保温室结构牢固的前提下尽量少用材、用细材，以减少遮阴挡光。

5）选用透光率高的透明覆盖材料　我国以塑料薄膜为主，应选用防雾滴且持效期长、耐老化性强的优质多功能薄膜、漫反射节能膜、防尘膜、光转换膜。大型连栋温室，有条件的可选用PC板材。

（2）科学使用与管理

1）选择合理的采光角度与方位　根据所在地的地理纬度，建造温室时选择合理的采光角度和温室方位角可增加透光率。

2）选择截面较小的建材　选择尺寸小、强度大的建材，减少框架、立柱遮阴，是提高透光率的重要措施之一。

3）选择无滴膜　不同质地的塑料薄膜，透光率差异也很大，无色透明的新膜透光率为90%～93.1%，而塑料薄膜内附着水滴后，透光率便会下降到73%～88%。使用无滴膜可大大提高透光率。

4）挂反光幕　在日光温室中柱后面张挂反光幕，可改善温室后部的光照状况，反光幕在早晚和阴天阳光弱时张挂，夜间和中午收起，可充分发挥增光、增温作用，在立柱和温室的墙上涂白也能改善室内的光照。

5）及时揭盖覆盖物　及时揭盖草苫等不透明覆盖物，可改善室内的光照。

（3）人工补光　人工补光可延长光照时间或增加光照强度，补充自然光的不足，常用的光源有白炽灯、荧光灯、金属卤化物等。由于这种补光方式成本高，不便于大面积应用，一般仅在冬季和早春育苗时光照不足时使用。人工补充光照的目的是满足作物光周期的需要。当黑夜过长而影响作物生长发育时，应进行补充光照。另外，为了抑制或促进花芽分化，调节开花期，也需要补充光照；作为光合作用的能源，补充自然光的不足是必要的。

据研究，当温室内床面上光照日总量小于100瓦/米^{2}时，或光照时数不足4.5小时/天，就应进行人工补光。由于人工补光成本较高，国内生产上很少采用，主要用于育种、引种、育苗。

（4）科学遮光　遮光主要有两个目的：一是满足作物光周期的需要，二是降低温室内的温度。夏秋季节育苗，要防止强光造成的高温危害，可选用遮阳网等覆盖来减弱光照，但遮光过多易造成苗期徒长。由于园艺作物幼苗具喜光性，因此出苗后一般不能在温室和大棚上覆盖遮阳网。

一般遮光20%～40%能使室内温度下降2～4℃。初夏中午前后，光照过强，温度过高，超过作物光饱和点，对生长发育有影响时应进行遮光；在育苗过程中移栽后为了促进缓苗，通常也要进行遮光。遮光材料要求有一定的透光率，较高的反射率和较低的吸收率。

遮光方法有如下几种：①覆盖各种遮阴物，如遮阳网、无纺布、苇帘、竹帘等。②玻璃面涂白。可遮光 50% ～ 55%，降低室温 3.5 ～ 5℃。③屋面流水，可遮光 25%，遮光对夏季炎热地区的园艺作物栽培，以及花卉栽培尤为重要。

19. 如何进行气体调节？

保护地内的二氧化碳除了空气中固有的二氧化碳外，还有来自作物呼吸、土壤微生物活动、有机物分解产生的二氧化碳。一般夜间二氧化碳浓度升高，早上放风前达到最高浓度，到 11 时后会降至低于棚室外水平。若光照充足，二氧化碳的缺乏会成为限制植株光合作用的因素。由于保护地的空气扩散慢，增施二氧化碳肥比露地效果明显。

20. 西瓜苗期主要存在哪些问题？

俗话说"苗好一半收"，可见西瓜苗期生长的好坏，在整个生育期内所占的重要地位。如何培育健壮的幼苗有很强的技术性，在幼苗生产中往往出现以下问题从而导致弱苗、病苗、死苗（缺苗）的发生。

（1）营养土配制不当　由于施用未充分腐熟的有机肥，从而发生烧苗，或造成根部病害严重发生；或因营养土中杀菌剂、杀虫剂的用量过大，导致药害的发生；或因营养土土质过于黏重或过于疏松，影响根系的正常生长；或因营养土内施用化肥过量，而引起烧苗。

（2）种子处理不当　播种前种子未加处理或种子处理不合适，易导致出苗不整齐和病害发生。

（3）温度管理不当　冬春季节为了促进幼苗的生长，管理上采取提高床温的方法，从而导致幼苗的徒长，影响花芽分化、病害发生等问题；阴雨低温天气，因怕幼苗受冻而不敢放风，从而造成苗床低温高湿而引发疫病；幼苗定植前未经低温锻炼致使幼苗肥而不壮，定植后缓苗期过长。夏季育苗时常因通风降温设施跟不上，温度过高而造成花芽分化不良，影响授粉坐果。

（4）水肥管理不当　冬春季节育苗，会因肥水过多，导致幼苗貌似壮大，但经不起定植后不良天气的考验，另外苗床湿度过大会引起幼苗徒长、发生沤根、诱发病害。

（5）光照管理不当　冬春季节育苗时，由于不透明覆盖物的揭、盖管理不及时，导致设施内光照不足，致使幼苗茎细叶小，叶片发黄，易徒长、感病。而夏季育苗，则会常因光照过强、温度较高时，没有遮阴物或遮阴过度而导致幼苗徒长。

（6）病虫草鼠害防治不当　冬春季育苗时，由于低温幼苗易产生生理性病害，生产上常因与传染性病害不分，造成施用农药过量而遭受药害。夏季育苗期短，害虫活动猖獗，但往往因过于依靠药剂防治，导致打药次数过多，浓度过高而造成药害。

21. 出苗障碍如何防控？

（1）种子催不出芽或出芽率低

1）种子无活力　种子超过存放年限，虫蛀和变质，失去生活能力；或种子收获后在水泥地及柏油地面上晒，高温灼伤了胚芽等。

2）催芽方法不当　烫种温度超过55℃，催芽温度超过40℃，温度过高将种子烫死；浸种时间过长，种子内部的营养物质被浸泡出来；催芽时水分过大，种子处于水浸状态，使种子缺氧腐烂；或种子量大，袋子小，使种子缺氧而影响发芽。

3）种子的成熟度不一致　新收的种子未经后熟影响发芽。

4）温度不均匀　由于温度不均匀使出芽受到影响。

5）药剂处理不当　种子用药剂消毒，浓度超过规定范围，或浓度合适而浸泡超过了一定时间，或冲洗不净造成种子中毒，影响发芽。

6）感病　种子受病菌侵害影响出芽。

7）温度、湿度不适　由于播种床土温过低而水分又过多，覆土过厚，使种子腐烂，或床土过干、温度过高，使种子发芽受到影响。

（2）防控措施　为避免不发芽情况的发生，在烫种前先做好发芽试验，在催芽过程中严格掌握烫种温度、浸种时间、药剂浓度、催芽温度及种子的透气性。

1）选种　选用发芽率高的种子。

2)种子处理 种子要进行严格消毒处理。

3)调节温度、湿度 如果是温度过低而未出苗的，应把播种箱搬到温度高的地方或用电热线加温。如果是床土过干而影响出苗的，应用喷壶浇温水。床土过湿时应设法排水，也可用干燥、吸水力强的草炭、炉灰渣、炭化稻壳或蛭石等，撒在床土表面，厚度0.5厘米左右。

4)检查 在种子长时间不出土时扒开土检查，如因种子质量有问题，要及时补种。管理环节的问题，应查明原因，及时调整管理方法。

22. 出苗不齐如何防控?

苗子出土快慢不齐，出土早的比出土晚的可相差3～4天，甚至更长，造成幼苗大小不一，管理不便。

（1）原因

1)种子质量差或处理失误 种子成熟度不一致，新种子与旧种子混杂，充实程度不同等；在种子处理时，如果催芽时投洗和翻动不匀，无籽西瓜种子"嗑籽"催芽的时候，嗑籽不好，药物处理不匀等，就会造成出苗快慢不一致的问题。

2)苗床处理不好 播种前底水浇得不匀，床土湿的地方先出苗。播种后盖土薄厚不均匀，也是出苗不整齐的重要原因。播种床高低不平也直接影响出苗。

3)其他 地下害虫或老鼠危害。

（2）预防措施 选用发芽势强的种子，新旧种子分开播种。床土要肥沃、疏松、透气，并且无鼠害；播种要均匀，密度要合适。

23. "戴帽"出土如何防控?

在种子出土后种皮不能脱落，夹住子叶，这种现象称为"戴帽"。由于种皮不能脱落，子叶不能顺利展开，妨碍了光合作用，造成幼苗营养不良，成为弱苗。这种现象在西瓜育苗过程中经常发生，对于苗子的生长影响很大。

（1）原因 造成种子"戴帽"出土的原因有两个方面：一是盖土过薄，种子出土时摩擦力不足，使种皮不能够顺利脱掉；二是苗床过干。

（2）预防措施

1）浇足底墒水　苗床的底水一定要浇透。

2）注意覆土厚度　在播种之后，覆土厚度要适当，不能过薄，一般在1厘米左右。种子顶土时，若发现有种子"戴帽"出土，可再在苗床上撒一层营养土。

3）播后覆膜　外界湿度不高时，播种后一般要在苗床表面覆盖塑料薄膜，以保持土壤湿润。

4）"摘帽"　一旦出现"戴帽"出土现象，要先喷水打湿种皮（使种皮易于脱离），而后人工摘除。

24. 畸形苗如何防控？

播种后床土表面干硬结皮，空气流通受阻，种子呼吸不畅，不利于种子发芽。已发芽的种子被板结层压住，不能顺利长出土面，致使幼苗弯曲，子叶发黄，成为畸形苗。

（1）原因　一是床土土质不好，二是浇水方法不当。如果在播种后至出苗前浇水的水流量过大，不仅会冲走覆土，使种子暴露在空气中，而且土壤干后会引起板结，造成种子出苗不良。

（2）预防措施

1）配好床土　在配制床土时要适当多搭配腐殖质较多的堆肥、厩肥。播种后覆土也要用这种营养土，并可加入细沙或腐熟的圈肥。

2）科学浇水　播种后至出苗前，尽量不浇水。播种前灌水要适量，待苗出齐后再适量覆土保墒。如果播种后至出苗前，床土太干非浇不可时，可用喷壶洒水，水量要小，能减轻土面板结。

25. 沤根如何防控？

沤根是育苗时常见病害，特别是在冬季和早春温度较低时发生尤为严重。发生沤根时，轻者幼根表皮呈锈褐色，重者常造成根系腐烂，地上部轻者叶片变黄，严重者萎蔫枯死。

（1）原因

1）水分不适　营养土或基质湿度过大，通气性差，根系缺氧窒息。在苗床上浇过多的水，造成苗床含水量过大，特别是在低温条件下，水分蒸发慢，幼苗生长速度慢，吸水速度也慢，造成土壤含水量长时间不能降低，使根系长时间在无氧条件下生长，就会出现缺氧窒息，进而沤根。

2）地温低，昼夜温差大　幼苗根系生长的适宜温度为 20～30℃，地温低于 13℃ 则根系生理机能下降。如果地温长时间低于 13℃，就容易引发沤根。昼夜温差过大也会引发沤根。

（2）预防措施

1）科学配制营养土　在配制营养土时，适当加大有机肥的用量，以提高营养土的透气性能。农家肥可以通过自身发热，适当提高苗床温度。

2）加温育苗　温度过低时，尽量采用酿热温床或电热温床进行育苗，使苗床温度白天保持在 20～25℃，夜间保持在 15℃ 左右。

3）科学浇水　温度过低时严格控制浇水，做到地面不发白不浇水，阴雨天不浇水。浇水时要用喷壶喷洒，千万不能大水漫灌，以防止土壤湿度过大，透气性下降。

4）排湿　一旦发生沤根，须及时通风排湿，也可撒细干土或草木灰吸湿。并要及时提高地温，降低土壤或穴盘基质的湿度。

5）叶面施肥　叶面喷施 1.8% 复硝酚钠 6 000 倍液加甲壳素粉 8 000 倍液，促进幼苗生根，增强幼苗的抗逆能力。

6）科学建床　低温季节采用穴盘育苗时，应注意将穴盘排放在低于地表的苗畦内，这样才能有效地避免地温过低，昼夜温差过大而引发沤根。

26. 烧根如何防控？

烧根时根尖发黄，不发新根，但不烂根，地上部生长缓慢，矮小发硬，形成小老苗。

（1）原因　烧根主要是由于施肥过多，土壤干燥，土壤溶液浓度过高造成的。一般情况下，若土壤溶液浓度超过 0.5% 就会烧根。此外，如果床土中施入未充分腐熟的有机肥，粪肥发酵时更容易烧根。

（2）预防措施　在配制营养土时，一定要按配方比例加入有机肥和化肥，有机肥一定要充分腐熟，肥料混入后，营养土要充分混匀。已经发生烧根时要多浇水，以降低土壤溶液浓度。

27. 高脚苗如何防控？

高脚苗就是指幼苗的下胚轴过长的苗。

（1）原因　形成高脚苗的主要原因：一是播种量过大；二是出苗前后床温过高，湿度较大。

（2）预防措施　适当稀播。撒播种子要均匀，及早进行间苗。苗出土后及时降低床温及气温，阴雨有雪天气要适当降低育苗设施内温度，提高幼苗光照度，延长光照时间。

28. 死苗如何防控？

预防措施有以下几点：

（1）病害引起的死苗　在配制营养土（基质）时要对营养土（基质）和育苗器具做彻底的消毒，按 1 米^2 苗床用 50% 多菌灵可湿性粉剂 8～10 克或 90% 霉灵可湿性粉剂 1 克，与适量干细土混匀撒于畦面，翻土拌匀后播种。配制营养土（基质）时，1 米^3 营养土中加入 50% 多菌灵可湿性粉剂 80～100 克或 90% 霉灵可湿性粉剂 5 克，充分混匀后填装营养钵（穴盘）；幼苗 75% 出土后，喷施 50% 多菌灵可湿性粉剂 500 倍液杀菌防病，以后 7～10 天喷 1 次。适时通风换气，防止苗床内湿度过高诱发病害。

（2）虫害引起的死苗　用 50% 辛硫磷乳油 50 倍液拌炒香碾碎的豆饼、麦麸等制毒饵，撒于苗床土面可杀蝼蛄；用 50% 地虫消乳油 1 000 倍液浇灌苗床土面，可有效控制多种地下害虫及蚯蚓危害。

（3）药害引起的死苗　严格用药规程，在苗床土消毒时用药量不要过大；药剂处理后的苗床，要保持一定的湿度。

（4）肥害引起的死苗　有机肥要充分发酵腐熟，并与床土拌均匀。分苗时要将土压实、整平，营养钵（穴盘）要浇透。颗粒化肥粉碎或溶化后使用，并与土混匀。

（5）冻害引起的死苗　在育苗期间，要注意天气变化，在寒流、低温来临时，及时增加覆盖物，并尽量保持干燥，防止被雨、雪淋湿，降低保温效果。有条件的可采取临时加温措施；采用人工控温育苗，如电热线温床育苗、分苗；合理增加光照，促进光合作用和养分积累，适当控制浇水，合理增施磷、钾肥，提高苗床土温，保证秧苗对温度及营养的需求，提高抗寒能力。寒流过后立即喷洒72%农用链霉素可溶性粉剂2 000倍液于叶片正反两面，杀死冰点细菌等。

（6）风吹引起的死苗　在苗床通风时，要在避风的一侧开通风口，通风量应由小到大，使秧苗有一个适应过程。大风天气，注意压严覆盖物，防止被风吹开。

（7）起苗不当引起的死苗　在起苗时不要过多伤根，多带些宿土，随分随起，一次起苗不要过多；起出的苗用湿布包（盖）好，以防失水过多；起苗后分苗时，还要挑除根少、断折、感病以及畸形的幼苗；分苗宜小不宜大，利于提高成活率。分苗要选择晴天进行，如设施内光线强、温度高时，可在套在大棚内的小棚上面隔一段距离放一块草苫或顶部覆盖遮阳网遮光，以防止阳光直射刚刚分完的苗，造成失水、萎蔫。

五、西瓜轻简化栽培技术

1. 整地前如何消毒?

无论是春、夏、秋、冬哪茬栽培,前茬作物收获后,都要及时破茬,清除前茬作物的枯枝残叶,进行深翻。冬翻要在封冻前进行,一般深耕 25 ～ 30 厘米,冬翻能改良土壤的理化性状,蓄水保肥,加深耕作层,提高土壤肥力;另外,冬翻还能冻死虫卵和害虫,消灭病菌,特别是西瓜枯萎病、细菌性角斑病,往往附在枯枝残叶上。枯枝残叶被深埋地下,经过发酵腐熟,加之低温冰冻,能使病菌钝化,减轻危害。深翻后不必耙耱,可冬灌,经一冬冻结、风化,等翌年开春化冻后,将土地耙耱保墒,进行整地施肥。

设施连作有时不可避免,内部特殊的气候环境,又为病虫害的发生创造了比较适宜的条件,因此在种植西瓜前要清洁田园、对温室空间和土壤进行消毒,以减少病源和虫源。

(1)设施消毒 在定植前 5 ～ 7 天,采用烟熏法消毒。每亩用硫黄 500 克或百菌清烟剂 200 ～ 250 克,于傍晚时点燃,然后密闭棚室熏蒸,定植前打开通风即可。

(2)土壤消毒 1 米^2 用 50% 多菌灵可湿性粉剂或 70% 甲基硫菌灵可湿性粉剂 5 克,均匀撒到地上,混入 0 ～ 10 厘米厚的土壤中。

2. 露地栽培的基肥如何配施?

西瓜的茎叶茂盛,一生中生长量大,产量高,播种前要施基肥。前茬是粮食作物,一般土壤较瘠薄,基肥应当多施;肥沃菜田可适当少施。基肥可全面施和集中施相结合,普施的肥料在耕翻前施入,不易被冲刷而流失;集中施肥可在耕翻后开沟施入，这样既能调节肥料盖土深度，又能更好地将肥料散布在土壤里，利于土壤中的养分迅速地被西瓜根系吸收转移，并缩短吸收转送的过程。一般地力水平及产量要求条件下，亩施有机肥3 000千克，过磷酸钙50千克，尿素20千克。为提高磷肥的肥效，可将过磷酸钙与有机肥（圈粪或土杂肥）在施前堆积发酵，开沟前运到田中，打碎条施。还可施入饼肥200～300千克。

关于肥料种类，各地可根据具体情况，灵活选用。一般如果有机肥充足，西瓜生长健壮，不得病或很少发生病害，产量高，品质佳；如果有机肥不足，速效氮肥过多，西瓜就易徒长，造成化瓜，抗病力下降，品质差、产量低。

3. 设施栽培的基肥如何配施？

大棚西瓜生育期长，产量高，比露地栽培需肥多。棚内前作收获后及时深翻20厘米，重施基肥，基肥以土杂肥、猪、牛、羊、鸡粪等有机肥为主，一般每亩施充分腐熟的土杂肥5 000～8 000千克，充分腐熟的鸡粪等3 500～5 000千克，磷酸二铵100千克，硫酸钾50千克。其中2/3的肥料在翻地时撒施。

犁地后耙细整平，按1米垄（畦）距，做高20厘米、宽70厘米的龟背形高垄（畦），垄（畦）底施入剩余的1/3基肥。浇1次底水，晾晒后铺上地膜。通常大棚高垄（畦）上只铺地膜即可，但有时在定植后的短期内还加盖小棚，以利保温，促进缓苗及幼苗的迅速生长。为了充分利用光照，南北走向大棚顺棚向做垄（畦），东西走向大棚要垂直棚向做垄（畦）。

4. 如何做垄？

（1）高垄栽培　垄宽40厘米，沟宽80厘米，垄高10～12厘米。每垄栽1行，株距30～40厘米。

起垄方法：①地整平后，先在起垄的地方用锄挖成20厘米宽的沟，沟深15～20厘米，然后将备好的肥料施于沟内，将肥和土掺匀，灌水后封土成高垄，最后覆盖地膜。②在底墒足的情况下，顺起垄线将底肥撒上，然后用锄或其他工具按规定规格起垄。两种起垄方法都是在生产实践中经常用的，各地可根据具体情况，因地制宜选择。无论哪种起垄方法，均须土壤细碎，没有坷垃，垄高低一致，大小均匀成拱圆形，然后覆盖地膜。

地膜的盖法主要有以下 2 种：①用 200 厘米宽的无色透明膜，一幅盖两个高垄。②用 80 厘米宽的地膜，一个高垄盖一幅地膜。定植前 10～15 天盖地膜，可以提高地温，也有的是定植后盖地膜。无论采用哪种盖地膜的方法，都必须将膜抻紧，不能有松弛现象，避免风吹损坏地膜。

（2）高畦栽培 畦总宽 2 米，畦面宽 70 厘米，沟宽 130 厘米，畦高 10～12 厘米。1 畦 2 行，株距 30～50 厘米。

高畦的高度由地区、地势、土质、季节、气候、水位、降水量及耕作管理水平等条件的不同，对高畦高度的规格要求就不能一样。如春季进行西瓜栽培时，影响生长发育的主要因素是地温、气温偏低。采用高畦地膜覆盖技术，是提高地温的有效方法。而且高畦高度不同，增温效果也不同，高度越高增温值越大。从测定耕作层土壤含水量的变化情况来看，比较高的畦，有利于多雨地区和低洼易涝地块防止雨涝带来的危害，但不利于旱季、干旱地区、山冈、坡地种植。从全国情况看，畦高 5 厘米、10 厘米、15 厘米、20 厘米的都有，甚至有 30 厘米的高畦。

江南地区的年降水量大、雨天多、地下水位高、土质黏重、土层不渗水等因素，应以防涝为主要目标，高畦比江北的高一些为宜，一般在 15～25 厘米。在少雨地区或灌溉条件差的岗坡地，则偏低一些为好。

华北、东北地区，一般土层深厚，土壤渗透力强，春季较干旱，并常伴有大风，早春温度低，以增温、保墒，防低温、冷冻为主要目标，畦高以 10～20 厘米为宜。应在这个范围内，因地制宜确定具体高度。

在水源充足、土质偏黏、地势低洼等地块，畦做得高一些较好；在沙性土壤、漏水漏肥、高岗、丘陵、坡地和缺少水源、不能保证灌溉等地块，高畦则偏低一些为好。

雨季的降水量大而集中，要以便于排水防涝为中心，同时须考虑到雨季有时也可能遇到干旱、缺少雨水的情况，若水源有保证，高畦则可高到 15～20 厘米，在低洼易积水的地块，还可使高畦的高度达 25～30 厘米。

在西北高原地区，常年雨量稀少，阳光充足，日照强，蒸发量大，往往缺少水源和灌溉条件，不易出现涝害。保墒是夺取全苗的重要环节，一般可采用

5～10厘米的高畦，甚至还可采用平畦地膜覆盖栽培。

（3）向阳坡畦栽培　向阳坡畦的宽度应根据不同地区、不同季节、不同耕作习惯和地膜的宽度确定。首先，要考虑宽度有利于西瓜栽培，其次，有利于抗旱和防涝。其三，地膜的利用率要合理。其四，采光条件较好。一般用100厘米宽的地膜。

向阳坡畦的畦向一般为南北向，东西延长，这样畦面在一天之内受光均匀，因而温度的高低差异较小。

（4）高埂沟栽　山东叫高垄沟栽，北京叫沟畦栽种。这是一种起土打埂做沟的栽培方法。由于高畦或高垄地膜覆盖栽培，在春季霜期内不能防止植株地上部分的霜冻危害，因而引起人们对地膜覆盖高畦的改革。

1）单幅地膜顺畦沟覆盖　在预备起畦的地方开底宽50厘米的槽形大沟。这样可以使西瓜的播种期或定植提前（比高畦）15天左右。使幼苗在霜期也可以正常生长，等终霜过后，将幼苗掏出塑料薄膜外。但仍要注意天气变化，防止大幅度的骤然降温天气袭击。

2）地膜横跨沟畦覆盖　地膜横跨沟畦覆盖做畦的方法与单膜地膜顺畦沟覆盖有所不同。其主要区别在于畦埂要做成一大一小，一低一高，以便在大畦埂上取土压牢地膜，小畦埂高于大畦埂，当作地膜支撑物，地膜覆盖成屋脊形，防止因积水而下沉。

（5）朝阳沟栽培　朝阳沟的挖法是按行距1米一带挖一沟，将耕作层的肥沃田土翻在沟的南面，用耕层下的生土夯墙。墙的宽窄和高低，与各地的纬度、气候有关。在河南省墙高一般为30～40厘米，墙宽20厘米。夯墙一般在播种或定植前20天进行。夯墙有两种方法：①20厘米高的墙可以直接一面铲土一面夯，夯够高度，再用铲将墙两边铲齐。②墙高于20厘米的，用两块板夹着夯实，这样夯出的墙整齐、结实。需要注意的是夯墙土一定要湿润，如果干燥一定要少加些水，以不沾夯为原则。墙夯好后整沟，沟宽50厘米，深20厘米。

整好沟后再将准备的肥料施于沟内，然后盖上地膜，膜下每隔50厘米用树条、细竹竿或竹片插一拱形支撑地膜。地膜一般应在播种或定植前10～15天盖上提高地温，以备播种或移栽。

5. 西瓜露地栽培定植有哪些注意事项?

（1）适期定植

1）适时定植 适宜定植时期必须在当地终霜以后，气温稳定在18℃，土壤温度稳定在15℃，根据历年气象资料，华北、华东大致在4月下旬，因为此期仍有寒流出现，应根据天气预报，选择晴天定植。晴天地温高，定植后新根容易发生，缓苗快。

2）适龄定植 根据秧苗的生长状态而定，如大田定植季节将至，天气晴好，秧苗生长良好，根系开始伸出营养钵，应抓紧晴天的有利时机，及时定植；如秧苗生长尚小，相互间无拥挤现象，根系未伸出钵外，尽管季节已到，天气晴朗，也可推迟移栽，这是因为苗床的气候条件既有利于幼苗生长，又便于集中管理，适当迟栽比早栽有利。

（2）合理密植 西瓜的产量取决于单位面积上的株数、每株商品果数及单果重。合理的行、株距应根据西瓜的类型、品种、栽培季节、整枝方式、土壤肥力、气候等不同条件来决定。一般情况下，薄皮西瓜的栽培密度大于厚皮西瓜；早熟小果型品种大于晚熟大果型品种；单株留蔓数越多，栽的苗越少；土壤肥力越高，越应稀植。

（3）定植方法

1）暗水沟栽 首先带水稳苗，然后按规定行距开沟，将苗按规定株距摆放在沟内封土成垄。再在苗垄旁开小沟灌水，使水向苗坨洇，水渗后用土将沟填平。此法虽较费工，但土壤不板结，地温高，幼苗扎根生长快，不论密度大小，操作都比较方便。

2）暗水穴栽 按一定株行距开穴，将幼苗栽入，埋少量土，逐穴灌水后封土。此法栽后土壤不板结，地温高，幼苗生长快，但密度大时操作不方便，面积大时太费工，只适合小面积栽培或庭院定植西瓜。

3）灌沟洇畦 适于高垄（畦）地膜覆盖栽培，先按行株距挖穴定植，栽后覆膜，并将苗掏出膜外，将膜两边用土压于垄（畦）的两侧，然后浇满水沟，洇湿洇透高垄（畦）。该法效果好，但要注意垄（畦）要平整，不能太宽太高，防止落干。

4）开大沟定植 在事先做好的垄（畦）上，按株距摆苗，灌水，水量以洇透土坨为准，第二天下午封土至土坨平（棚内），露地等水渗完就开始封土。此方法的好处是对垄（畦）面的平整程度要求不严，土壤不板结，便于新根伸长，有利于提高地温，施护根肥方便。

5）定植后明水漫灌　在事先做好的垄（畦）上，按行株距开穴定植，或开沟埋栽，一垄（畦）栽完后灌大水。该法省工、水量足，但费水，地温降低，早春定植不能采用。

温馨提示

西瓜定植时如基肥不足，可施窝肥、沟肥和护根肥补充。肥料种类最好是细肥，如饼肥、大粪干、鸡粪干、磷酸二铵等。一般饼肥或大粪干分别亩施50千克或200千克左右。有机肥施前一定要充分腐熟，化肥亩用量不能超过10千克，将肥施到窝内或沟内再与土掺匀，然后栽苗灌水，灌水后再封土的可在灌水后将肥料施于根际，然后封土。肥料集中施在幼苗根部，新根一发就可得到充足的养分，是一项很好的增产措施。注意避免施肥量过多和有机肥未腐熟引起烧根现象。

6. 西瓜设施栽培定植有哪些注意事项？

（1）塑料大棚栽培

1）适期定植　各地定植适期有所不同，长江中下游的上海地区在3月上中旬，黄淮流域的郑州地区在3月中下旬，西北、东北等寒冷地区在4月上中旬。可在定植前60天扣棚。大棚定植时气温较低，所以扣棚越早越好，地温越高，缓苗时间越短。

2）合理密植　大棚栽培每垄（畦）栽1行，单蔓整枝时株距为33厘米，双蔓整枝时株距为40～45厘米。栽苗前按株距先在高垄（畦）中央破膜打孔，孔内灌足水，然后将幼苗放入，幼苗尽量带土，以保护根系免受损伤，待水渗下后，用土把孔填满，表层最好覆一层细土，以保湿防板结。定植时苗坨与地面持平，不要过低或过高。定植后要清洁地膜上的泥土，以便充分发挥其透光增温作用。定植最好选择在冷尾暖头的晴天上午，当天就将小棚搭好。

（2）日光温室栽培

1）适时定植　一般定植苗龄在 35 ～ 40 天，幼苗长出 4 片叶时。定植时 10 厘米地温应稳定在 15℃以上，气温不低于 13℃，如果温度达不到要求，应推迟。推迟定植时苗床应控制较低的温度，防止幼苗过大。定植时选择冷尾暖头的天气，在晴天的 8 ～ 15 时定植，这样有利于缓苗。

2）合理密植　冬春茬栽培，均采用立式密植栽培，种植密度过大会影响地面见光而造成地温低，种植密度过小会降低单位面积产量而直接影响收益。一般薄皮西瓜品种，种植密度为 2 200 株 / 亩，厚皮西瓜品种可种植稀些，每亩保苗 1 600 株为宜。

7. 西瓜露地种植水肥管理有哪些注意事项?

（1）浇水　西瓜虽然是耐旱性较强的作物，但它也是需水量较多的作物。一方面是因为它的生长发育尤其是在果实膨大时需要有充足的水分供应；另一方面是因为它的叶片无深裂，植株蒸腾作用大，消耗水分多。因此，应当根据不同的气候、土壤和植株的不同生育时期以及生长状况，进行适量而正确的浇水。

1）缓苗水　定植后 3 ～ 4 天浇 1 次缓苗水，在一般情况下，生长前期不再浇水，以利于根系向纵深生长，增强植株后期的抗旱能力。需要浇水时，最好是开沟暗浇或淋浇，避免用大水直接浇根。暗灌时水量也不宜过大。

2）伸蔓水　植株伸蔓后、坐果前，需水量渐多，这时需浇 1 次伸蔓水。开花前浇水过多，容易引起落花落果，但干旱时，坐果前应浇水，以保花保果。

3）膨瓜水　西瓜果实膨大期是需水量较大的时期。西瓜长到似枣子大时，生长重心已由茎叶转向果实，此时稍一缺水，幼果生长就会受到抑制。因此保证充足的水分供给，是果实良好发育的重要条件。浇膨瓜水 7 ～ 10 天后可再浇 1 次小水。

温馨提示

坐果前尽量不浇或少浇；果实膨大期及时浇，在十分缺水的情况下，果实膨大期，可以按株浇水。浇时应早晚浇，中午不浇；地面要见干见湿，不干不浇，见干就浇；果实长足，控制浇水。在果实接近成熟时，需水量大大减少，控制浇水可促进果实成熟，改善风味。灌水时应注意急灌急排。

由于西瓜根系生育好氧，需要有通透条件良好的土壤环境，如遇雨涝水淹，将导致根际缺氧窒息、烂根，或因土壤湿度和空气湿度过大而感染各种病害。因此在栽培上既要适时进行合理灌溉，又要防止雨涝、水淹危害。不论南北地区栽培西瓜，均应选择在旱能浇、涝能排的地块。

（2）追肥　生育期较长的厚皮西瓜，尤其是中晚熟的品种，均应进行追肥。薄皮西瓜的生育期短，只需施足底肥，不必追肥，但如果地力差，基肥施用不足，植株长势弱时，也应适时适量追肥。南方雨水多，土中肥料易被淋溶流失，也要进行多次追肥。每次追肥的量不宜过大，追肥量以不超过总施肥量的30%为宜。一般情况下，西瓜在苗期不追肥。

1）伸蔓肥　伸蔓期在离苗20厘米处开挖15～20厘米的深沟，将碳酸氢铵或尿素施入沟内，随后浇水。开花坐果期为防止营养生长过旺而影响坐果，应严格控制肥水，一般不追肥。

2）膨果肥　果实膨大期需要的养分较多，一般在植株两侧开沟或随浇水进行追肥，每亩追施碳酸氢铵30～50千克，硫酸钾20～30千克，也可将充分腐熟的人粪尿随水追施。如果植株生长不良、营养不足，也会造成授粉不良和落花落果，这时不但要施行根际追肥，而且还要进行根外追肥，叶面喷施0.4%磷酸二氢钾+0.5%尿素溶液，一般每隔5天喷1次，共喷2～3次。

8. 西瓜设施种植水肥管理有哪些注意事项?

（1）苗期　在定植后3～4天，选择冷尾暖头晴天上午浇水，这时瓜苗较小，浇水量不宜过大。

（2）营养生长期　定植时为了防止降低地温，采用穴内浇水。缓苗期要浇

1 次缓苗水，这一次浇水量不宜过大，两行小垄间的浅沟浇半沟水即可。到了伸蔓期，植株生长量增加，吸肥、吸水能力增强，这时须浇 1 次伸蔓水，并结合浇水进行追肥，追肥种类以氮肥为主，适当配合磷、钾肥。

（3）伸蔓期　植株长到10～12片叶时浇伸蔓水，浇到畦高2/3即可。结合浇水进行施肥，以施氮肥为主，适当配施磷、钾肥。施肥距根部10～15厘米，挖穴10厘米深，施肥后立即浇水。开花前1周控制水分，防止植株徒长，促进坐果。

（4）膨瓜期　幼瓜长至鸡蛋大小定瓜后，进入膨瓜期。此时是浇水追肥的重要时期。一般在距根部 20～30 厘米处开穴追肥，每亩追施尿素 20～30 千克，施肥后要浇水，隔 7～10 天可再浇 1 次小水。

定瓜后可喷施叶面肥，可施用喷施宝、磷酸二氢钾等 300～400 倍液，7天喷 1 次。叶面追肥有利于增加植株抗病能力。

开花至花后 1 周要控制浇水，防止水分过多使茎叶疯长，影响开花坐果。果实进入膨大期，植株需肥、需水量大增，要充分灌水，可每 10 天浇 1 次小水；整个结瓜期共浇水 2～4 次；当果实接近成熟时（采收前 10 天）停止浇水。浇水时随水追肥，一般亩追尿素 15 千克＋硫酸钾 10 千克，除施用速效化肥外，还可冲施腐熟鸡粪、豆饼等。

（5）二茬瓜的施肥灌水　在头茬瓜采收后恢复浇水、施肥，每亩施复合肥30 千克，促进二茬瓜生长，二茬瓜及以后各茬瓜生长期间，平均 7 天浇水 1 次，每茬瓜追施尿素 15 千克／亩。浇水前喷洒农药，浇水后加大通风排湿。

9. 西瓜生长过程中有哪些必要矿质元素？

（1）氮　氮素不是西瓜需肥量中最多的营养元素，生产中却施用氮肥最多，氮肥数量超过钾肥，原因在于土壤母质中几乎不含氮素，土壤仅存的氮素还容易流失，通常氮素中硝态氮直接流失，铵态氮容易通过微生物作用以气态挥发。

西瓜对肥料的吸收有选择性。西瓜最容易吸收利用硝态氮，在低温季节应当以硝态氮为主，但硝态氮过多容易导致西瓜内亚硝酸盐含量增加，因此在天气转暖时逐渐增加铵态氮用量。

西瓜体内的氮元素能够从老叶片中向新叶片中转移，所以氮不足时老叶片首先黄化。氮素过多时植株徒长，产量不理想。土壤中供氮多寡与西瓜叶柄中的硝态氮关系密切，所以通过叶柄中硝态氮的分析，可确定是否需要追肥，这就是所谓的植株分析追肥方法。

（2）磷　西瓜是对磷敏感作物。磷进入根系后很快就转化成有机质，如糖磷脂、核苷酸、核酸、磷脂和某些辅酶。磷直接参加碳水化合物代谢、脂肪代谢和蛋白质代谢，在光合作用中磷还起到能量传递作用等，没有磷植物全部代谢活动都不能正常进行。

在西瓜栽培过程中，幼苗期磷不足立即有明显反应——颜色变紫。所以从栽培开始就应供给充足磷肥。磷肥在植株体内能够重新分布，而且分布不均衡，根尖和茎尖含磷多，幼叶比老叶片含磷多。

（3）钾　钾与氮、磷不同，钾在植物体内并不形成任何结构物质。虽然如此，但植物对钾需要量还是相当大的，因为钾是某些酶的辅酶或活化剂，很多酶系统都需要钾。

钾能在植株体内重新分布，在生长点、新生侧根组织、新叶、新形成的生殖器官等部位都有大量钾存在。光合产物的运转、气孔开放的调节都需要钾。由于钾在植物体内能够运输，所以钾不足首先表现在老叶上，新叶能够从老叶片中夺取钾，很少表现出缺钾症状。近年在西瓜栽培中施用钾肥数量逐年增加，往往超过西瓜对钾的需求。原因就在于忽视了土壤母质中含钾数量多这个事实，即土壤中本来就含有相当多的钾，在施用钾肥之前，土壤已经具备为西瓜植株提供相当数量钾元素的能力。

（4）钙　钙在植株体内没有氮、磷、钾的数量多，但钙在西瓜中的作用不得不加以重视，大多数地方西瓜早熟种植中都不同程度有缺钙现象发生。

钙是细胞壁中胶层的果胶组成元素，钙缺乏时细胞分裂不能正常进行。植株中生长和细胞分裂旺盛部位都极需钙。早春栽培西瓜，在遇到阴天时往往发生对生产危害十分严重的烂龙头现象，其原因顶端分生组织缺乏钙，细胞分裂受阻。根尖也是分生组织所在之处，同茎端一样，缺钙时根尖正常生长受阻，根尖烂死，成为病害侵入点，容易引发病害。

钙在植株体内是不易流动的元素，主要存在于老叶和其他老的组织和器官中，龙头是新生组织，缺钙明显。叶片向后翻卷成为所谓的降落伞叶也是钙不足所致。

植株缺钙不等于土壤缺钙，土壤中的钙可能不缺乏，因为钙的吸收不如其他元素容易，根系吸收水分并向上运输，钙随着蒸腾所需的水分进入植株体内并沿维管束上升，属于被动吸收，速率较慢。尤其保护地内西瓜，由于空气相对湿度大，蒸腾作用受抑制，水分吸收减少，钙吸收量也随之减少，是保护地西瓜缺钙严重的根本原因。

（5）镁　镁是叶绿素的组成成分，镁在体内主要分布在绿色部位。镁也是多种酶的活化剂，种子内含镁也比较多。镁在土壤中和在植株体内移动比钙容易，缺镁主要表现在老叶片上。土壤中很少缺镁，植株缺镁多发生在施肥比例失调时。

10. 西瓜苗定植应注意哪些细节？

（1）基肥　栽培地选用地下水位低，排水良好，3年未种过瓜类作物，土质疏松的田块。小西瓜需肥量较普通西瓜少，自根苗为普通西瓜的70%，嫁接苗为普通西瓜的50%。早熟栽培用肥量增加，各地施肥量和施用方法差异很大。通常在前作收后翻耕冻垡，每亩施鸡粪1 500千克、过磷酸钙25千克，翻耕，做畦时施三元素复合肥30～40千克。4米棚做2个高畦，6米棚做3个高畦。

山东昌乐前泉村的经验认为，小西瓜种植密度高，留瓜茬次多，采收期长，产量不比普通西瓜低，需肥量大，应重视基肥和造墒，以维持生长期间水分和养分的均衡，防止裂果。每亩施腐熟有机肥 6 米^3（较普通西瓜多 2 米^3），三元复合肥 50 千克，分层施用。方法是：挖 50 厘米深沟，将挖出的土先填回一半，把 70% 基肥施入，倒翻拌匀，浇水造底墒，然后将剩下土的 2/3 和剩下的 30% 基肥，翻倒混匀后填入沟内再浇水，以浇透填平为准。然后将三元复合肥全田撒匀，耙平，沿中线做 15 厘米的小高垄，覆膜扣小棚，准备定植。

（2）种植密度　小西瓜大棚栽植密度因栽培方式和整枝方法不同而异。目前仍以爬地式栽培为主。大棚跨度4～4.5米，每棚分做2个高畦，行距2.0～2.25米，株间距35～50厘米，3蔓整枝每亩栽苗650～850株。而采用5蔓整枝，株距78厘米，每亩栽苗380～430株，嫁接苗栽植的株数还可适当减少。由于小西瓜种子价格昂贵，种植密度有向稀植方向发展的趋向。山东昌乐小西瓜每亩栽苗800株，3蔓整枝，每亩保持2 400条基本蔓。

（3）适时栽植　早春大棚定植时期，掌握土温稳定在15℃以上，气温在12℃以上，抢晴天进行。定植前1周苗床加强通风，气温降至8～10℃，并结合分级选苗采用移动幼苗位置的方法进行蹲苗，抑制地上部生长，促进发根，淘汰弱苗、病苗、僵苗和愈合不全的嫁接苗。

在定植过程中避免伤根，减少浇水，以免降低土温，土壤墒情好时可以不浇水，随时盖上小棚棚膜，午后再盖其他各层覆盖物，以保持夜间温度。

11. 田间管理注意哪些细节？

（1）温度光照管理　大棚栽培早期采用多层覆膜以提高其保温性，但减弱了棚内的光照，同时也影响棚温的升高速度，增加了管理上的困难。故原则上应兼顾保温和增光二者的关系。

缓苗期需较高的温度，白天维持在30℃左右，夜间15℃，最低10℃，土温维持在15℃以上。夜间多层覆膜，日出后由外及内逐层揭膜，午后由内向外逐层覆盖。

1）发棵期　白天保持22～25℃，超过30℃时应开始通风。通风不仅可调控温度，而且可降低空气相对湿度，增加透光率，补充棚内二氧化碳，提高叶片同化效能。午后盖膜以最内层小棚温度10℃为准，高时晚盖，低时早盖，阴雨天提前覆盖，保持夜间在12℃以上，10厘米土温为15℃。

2）伸蔓期　营养生长期的温度可适当降低，白天维持25～28℃，夜间维持在5℃以上，随着外界气温的升高和瓜蔓的伸长，不需多层覆盖时，应由内向外逐步揭膜，当夜间大棚温度稳定在15℃时，定植后20～30天，拆除大棚内所有覆盖物。

3）开花结果期　需要较高的温度，白天维持30～32℃，夜间相应提高，以利于花器发育，授粉、受精和促进果实发育。

（2）整枝　由于小西瓜果小，适于多蔓多果，故以轻整枝为原则。留蔓数与种植密度有关，密植时留蔓数少，稀植时留蔓增加。

1）摘心　6叶期摘心，子蔓抽出后保持3～5个生长相近的子蔓平行生长，摘除其余子蔓及坐果前由子蔓上抽出的孙蔓，构成了3～5蔓整枝。此法的优点是各子蔓间的生长与雌花出现节位相近，可望同时开花结果，果型整齐，商品率高，便于管理。

2）多蔓整枝　保留主蔓，在基部留 2～3 个子蔓，摘除其余子蔓和坐果前抽出的子、孙蔓，构成 3～4 蔓整枝。该法的优点是主蔓顶端优势始终保持，雌花出现早，提前结果，形成商品果，但影响子蔓生长结果，结果参差不齐，商品率低，增加栽培管理难度，如肥水管理不当可引起部分裂果。

（3）促进坐果，合理留果　留果节位　以留主蔓上第二、第三雌花为宜，使果实生长占有较多叶面积，可以增大果形。

一茬、二茬瓜每株留 2 个瓜，果个大，可达 1.5 千克以上。至于低节位（6～8节）留果可根据植株营养状况进行适当取舍，生长势较强的可以保留，虽然果形较小，但也可以形成商品果，有经验的瓜农常留低节位果以争取早熟。

促进坐果　小西瓜适宜节位雌花开放时，应进行人工辅助授粉，可以提高坐果率，特别是前期低温、弱光条件下授粉效果更好。有些品种前期雄花发育不全，缺少花粉，可预先配植少量雄花量多的普通西瓜，提供花粉，以利结果。只有在连续阴雨又无花粉的情况下，才使用坐瓜灵等激素促进坐果，并正确掌握其适宜浓度和使用方法，否则易造成畸形果、裂果等。

（4）适时追肥浇水　保持水分养分均衡　小西瓜在施足基肥、浇足底水、重施长效有机肥的基础上，头茬瓜采收前原则上不施肥、不浇水，若表现缺水，在膨瓜前适当补充水分。当头茬瓜多数已采收，二茬瓜刚开始膨大时，应进行 1 次追肥，以氮、钾肥为主，每亩施三元复合肥 50 千克，全田撒施后浇水。二茬瓜采收后可再施 1 次追肥，施肥量和方法同第一次，但浇水次数应适当增加。小西瓜植株上挂有不同茬次的果，因此，植株自身调节水分和养分的能力较强，裂果现象就比较轻。

（5）其他管理　包括除草、理蔓、剪除老叶、防治病虫害等。理蔓便保持田间叶片分布均匀，充分利用光照，以增加通风透光，防止病害的一项经常性工作。拱棚（特别是小拱棚）栽培畦宽一般 2 米左右，瓜蔓伸展受到限制，合理布局有利于瓜蔓伸展，叶片合理分布，使前期果坐在畦面上。

（6）采收　小西瓜从雌花开放至果实采收时间较短，在适温条件下较普通西瓜早 7～8 天，需 25 天。大棚早熟栽培果实发育期气温低，头茬瓜（4 月）仍需 40 天左右，二茬瓜（5 月中旬前）约需 30 天，三茬及以后茬次（5 月下旬以后）；需 22～25 天。坐果后挂牌标记是适时采收的重要依据，同时采收前取样开瓜测定。采摘生瓜会严重影响品质，特别是黄肉品种。适熟时采收品质佳，且可减轻植株负担，有利于其后的生长和结果。采收技术可参照早熟西瓜栽培进行。

12. 无籽西瓜怎么催芽?

无籽西瓜种壳厚，因此在催芽前要用指甲钳或嘴轻轻地把种子嗑开，长度为种子的 1/3，千万不能损伤种仁。种子破壳后，平放在经过消毒的湿润沙盘或锯木屑盘中，种子不宜放得过深，上盖一块温润毛巾和一层薄膜，以防水分蒸发。然后放在 32～35℃的恒温条件下催芽，一般 30 小时左右，即可露白。也可在出芽前用 37℃的高温催芽，当种芽已露白时，将温度降至 32～33℃，这种变温催芽有利于芽齐、芽壮。催芽的方法很多，如用电灯泡、暖水瓶、电热毯、猪牛粪堆等。少量种子，可放在身上利用人体的温度进行体温催芽。不管哪种方法，主要是在种子周围创造种子发芽的温湿条件。当芽长达 0.3～0.5 厘米时，即可选出播种，未发芽的，继续再催。

13. 无籽西瓜苗期怎么管理?

（1）播种期安排　无籽西瓜在气温达 15℃时开始生长，10℃时停止生长，低于 5℃时地上部易受冻害，适宜生长的温度是 18～32℃。无籽西瓜前期耐寒性较普通西瓜弱，播种期要结合气候和生产环境确定，当气温稳定在 14℃时，即可播种。一般海拔在 300 米以下的丘陵地区的播种期应 4 月上中旬，海拔在 300 米以上的高寒山区的播种期应在 5 月上旬至 6 月下旬，前后可连续播种近 1 个月。4 月上旬以前播种的宜采用营养钵育苗移栽，5 月上旬以后播种的可采用大田直播。

（2）苗床的选择　苗床分温床和冷床两种形式，不管采用哪种育苗方法，床址都应选在背风向阳、地势高燥、排水良好、阳光充足的开阔地方。

（3）营养土的配制　营养土要求疏松、肥沃，不带病虫杂草，切忌从种过西瓜的地块、蔬菜地取土。有条件的最好在头年沤制好，其方法是：一层草皮，一层猪粪，加入适量的人畜粪，上盖塑料薄膜密封，翌年翻晒过筛即成。如当年临时采集，则选择风化后的稻田泥土，通过打碎过筛，配入适量的过筛的猪牛粪渣。配制的比例是：65% 田泥，35% 腐烂猪牛粪，0.2% 颗粒复合肥。三者充分粉碎混合均匀并装入营养钵中，土要装紧，然后再紧排在苗床上，等待播种。

（4）种子处理　在浸种前选晴天晒种，以增加种子内部酶的活力，使种子吸水快。种子消毒也是在浸种前进行，主要是杀死种子表面细菌，避免种子带菌入床。

1）高温杀菌　即把种子放在 55℃ 的恒温水中浸 10 分，不断搅拌，同时保持种子受热均匀，冷却后再加清水浸 3～4 小时。

2）药物杀菌　先用清水浸 5～6 小时，捞起后用 40% 福尔马林 100 倍液浸种 20 分；也可用 1% 硫酸铜浸泡 5 分，然后，用清水冲洗 2～3 次，洗净药液，避免种子发生药害。

（5）播种　在播种前一天用清水加 0.1% 甲基硫菌灵溶液将营养钵泥土充分淋透，并来回 2～3 次；播种时先用小竹扦在营养钵正中插 1 个小孔，然后把催芽的种子，每钵 1 粒，芽尖（胚根）向下插入孔中，种壳与土面平排，播种后立即用事先准备好的干细土覆盖，厚约 1 厘米；播种后不能再浇水，以防营养钵表面板结，造成通气不良而影响出苗，并清理好苗床四周的排水沟及鼠洞，防止苗床进水和发生鼠害。

（6）播种后的管理　从播种到子叶出土微展主要是提高温度和摘"帽"。白天温度要保持在 25～30℃，夜温 18～20℃，每天早晨趁种皮潮软时，轻轻将种皮去掉，不要伤及子叶和幼茎。

从子叶微展到第一片真叶显露　既要控制水分、降低温度，防止高温徒长形成高脚苗，又要避免温度过低伤苗。一般白天在 25℃ 左右，夜间 15～20℃，温度高时可通过苗床放风调节。

从幼苗破心到长出 2～3 片真叶，主要是适当控制幼苗生长，增加幼苗的抗逆性，严格控制湿度，只要底水充足，就尽量不要浇水。若缺水，以 1 次浇透为好。在移栽的前一天下午应浇 1 次透水，使瓜苗的营养土不易散开，便于带土定植。

经过 30～35 天的管理，可以培育出健壮的无籽西瓜幼苗。无籽西瓜壮苗的标准是具有 2～3 片真叶，粗壮、老健，下胚轴粗短，子叶肥厚，叶色浓绿，根系发育好，主根和侧根粗壮，瓜苗无病虫和损伤。

14. 无籽西瓜授粉品种怎样配置？

无籽西瓜的花粉高度不育，为了提高坐果率，需要搭配种植普通西瓜提供花粉受精。为了采收时便于区别，授粉品种最好选择与无籽西瓜皮色有明显差别的品种。授粉品种可以单独种植，到花期时用授粉品种的雄花涂抹无籽西瓜雌花的柱头，进行人工辅助授粉。也可按照一定的比例隔行或隔株种植，授粉品种与无籽西瓜的比例一般为1：（4～5）。隔株种植，在田间分布均匀，无籽西瓜柱头受精的机会多，但二者的生长势不一致，田间管理不便；若隔行种植，作为授粉品种的普通西瓜抗性差，易成为发病中心，传播病害，或由于昆虫活动少，授粉不充分，影响坐果。

15. 无籽西瓜怎样压蔓和整枝？

（1）压蔓　用土块压在瓜蔓上或将瓜蔓压在土中，使瓜蔓在地表上均匀分布。压蔓分为明压和暗压。明压是用土块等压在瓜蔓上。暗压是将植株的部分茎蔓压入土中。一般在地膜上进行明压，当主蔓到达膜外50～60厘米时开始压第一道蔓，以后每隔4～5节压1道，一般压蔓3道，主蔓和侧蔓均要压。

（2）整枝　无籽西瓜采用3蔓或4蔓整枝，留1条或2条主蔓，主蔓上留2条健壮的侧蔓，摘除其余侧蔓。

16. 无籽西瓜如何进行肥水管理？

无籽西瓜是深根作物，为了充分发挥其增产潜力，瓜田必须多次深耕。无籽西瓜的需肥量比普通西瓜大。基肥是供应植株全生育期的营养，促进根系生长，保持植株长势和提高产量的重要环节。基肥以迟效的厩肥等有机肥料为主，并配以磷、钾化肥。有机肥应在堆制腐熟后使用。基肥的比例依地区、土质及栽培方式的不同而不同。在施用基肥的基础上，在不同时期进行多次追肥。

（1）追肥　追肥的原则是轻施提苗肥，巧施伸蔓肥，重施膨瓜肥。

提苗肥是在幼苗4～5片真叶时进行，缓苗后，在距幼苗10厘米处，在膜上打孔10厘米深，每亩地施尿素或磷酸二铵3～4千克。施肥后每穴浇水500毫升，等水渗完后封土填实，最好追水肥。

伸蔓肥是在团棵期前进行，在距瓜苗 15 厘米处，挖穴 10～12 厘米深，每亩施磷酸二铵 4～5 千克、钾肥 5 千克，施后封土、浇小水。最好追施水肥。

膨瓜肥是在西瓜雌花开花后 7～12 天，幼瓜鸡蛋大小时进行。在垄土上距植株根部 20 厘米处，扎深 15 厘米的孔。每亩施硫酸钾 10～15 千克，尿素 15～20 千克，溶解于水中，每株浇水肥 2 千克。旱天追水肥，雨天追粒肥。距第一次追肥后 10 天再追尿素 10 千克，硫酸钾 10 千克，以后不用再追肥。

在植株坐果后期，如果表现缺肥，应及时叶面追施肥料。

（2）浇水　无籽西瓜的需水量较大，浇水时间应根据其需水规律和土壤墒情而定。

1）幼苗期　植株叶面积小，需水少，根系尚未充分生长，不能从土壤深层吸收较多的水分。此时若缺水，可开偏沟横向渗浇养苗水，水量不宜过大，不可漫灌，否则使地温下降，湿度增加，不利于瓜苗生长。

2）伸蔓期　根系生长迅速，叶片增多，日照时间长，蒸腾量大，可根据墒情及时浇水。采用隔畦浇水法，既能满足植株生长的需要，又不至于因水分过大，引起植株徒长，开花后难以坐果。

3）结果期　是需水量最大的时期，若水分不能满足需要，会造成坐果困难、果实难以膨大或畸形、空心、皮厚等。这时浇水可进行大水漫灌，除畦埂外，都要全部浇透。地变干时要及时浇水，经常保持土壤湿润而不积水。为了增加果实的甜度，采收前 1 周要停止浇水。

在土质疏松、保水性差的沙地，可适当增加浇水次数，每次浇水量不必过大；保水性强的黏重土壤，浇水的间隔时间应长些，水量适当增加。浇水时也要考虑到天气，以浇水后 3～4 天无大雨为宜。也可根据植株的长势判断是否需要浇灌，如叶片萎蔫的程度及恢复时间的长短，来判断缺水程度的高低。发现叶片在中午高温时萎蔫，傍晚时能恢复正常，表明植株缺水，应立即浇水。

17. 嫁接西瓜田间营养元素怎样诊断？

西瓜嫁接换根后，根系盐基代换量大，吸收能力强，特别是栽培在温室等保护设施中的西瓜生长期长，产量高，对土壤提供营养能力要求比较高。在西瓜生长过程中无论干物质还是氮、磷、钾的累积量都不断提高，盛果期最高，即盛果期西瓜生长量最大，主要是果实生长。不同时期西瓜氮、磷、钾吸收速率，即不同生育阶段每天吸收氮、磷、钾数量都有所不同。氮、磷、钾吸收速率在盛瓜期最高，氮、磷、钾三者比较起来，钾在各个时期的吸收速率远高于氮和磷，到后期钾的吸收速率也居高不下。如果植株基部叶片深绿，中部叶片绿色，顶部新叶浅绿色，表明生长正常，不缺肥；如果整个植株上的叶片，是深绿色，就连长出的新叶也是深绿色，表明氮肥过多，植株易疯长，所以要注意控制肥水管理。

六、西瓜病虫害综合防治技术

1. 如何防治西瓜猝倒病?

（1）病原与症状　病原属鞭毛菌亚门腐霉属瓜果腐霉菌真菌。低温高湿，通风不良是该病发生的有利条件。土壤温度在 10 ～ 15℃，病菌繁殖最快，30℃以上受抑制。该病发生于幼苗子叶出土至 2 片真叶展开阶段，发病幼苗外观与健苗无异，只是在幼苗根与茎的结合部出现像水烫过一样呈腐烂状的病斑，而后病斑变呈黄褐色干枯，收缩猝倒，有时幼苗尚未出土，胚芽和子叶腐败，变褐死亡。该病蔓延很快，出现中心病株几天后即引起邻近健苗发病，成片猝倒，在高温、高湿条件下，幼苗发病部位及附近地面上，出现一层白色棉絮状的菌丝。此点可用于与立枯病的鉴别。

（2）防治方法　无病土育苗或土壤消毒，1 米^2 用 50% 土壤消毒散 6 克或 70% 敌磺钠 6 克，掺细土 10 千克拌匀，下铺上盖。

1）加强苗床管理　苗床选择地势高燥平坦地块，并施充分腐熟的有机肥，增温、保温、降湿、通风透气或撒干沙、草木灰，降低苗床湿度，发现中心病株及时喷药防治。

2）药剂防治　50% 壮苗素可湿性粉剂 500 倍液，72% 霜疫清可湿性粉剂 800 倍液，72.2% 霜霉威盐酸盐水剂 300 倍液淋浇。

2. 如何防治西瓜立枯病?

（1）病原与症状　病原属半知菌亚门真菌中的立枯丝核菌和瓜亡革菌。苗床高温高湿通气不良、长势弱发病重。易引起烂种、烂芽及死苗。以幼苗出土至移栽发生较重。幼茎基部初生长圆形暗褐色病斑，白天中午病叶萎蔫，早晚尚可恢复。以后病斑扩大并绕茎1周，病部缢缩，幼苗枯死，立而不倒，病部有蛛丝状物。此点是区别于猝倒病的表现。

（2）防治方法

1）苗床消毒　在事先备好的苗床上：1米²用土壤清毒散Ⅱ号9克拌细土20千克，在种子播种前后上铺下盖。

2）药剂防治　80%代森锰锌可湿性粉剂800倍液＋高锰酸钾2 000倍液叶面喷雾，3～5天1次，连续2～3次。

3. 如何防治西瓜炭疽病？

炭疽病（彩图1）是瓜类作物的主要病害，以危害西瓜最重。

（1）病原与症状　炭疽病是由真菌侵染引起的，病菌在土壤中的病残体上或种子上越冬，发病最适温度为20～40℃，湿度越大发病越重。危害幼苗、茎叶、果实，除在生长季节发病外，运输、储藏期间也可危害，是西瓜毁灭性病害。苗期发病其症状是发生立枯，叶片边缘出现圆形或半圆形褐色病斑。上有黑色小点或浅红色黏稠物。茎和叶柄上的病斑呈椭圆形或纺锤形，稍凹陷，最后造成植株枯死。幼果受害后多成畸形。果实受害呈水渍状褐色凹陷的圆形病斑，病斑上着生许多小黑点，呈环状排列，潮湿时其上溢出粉红色黏质物。严重时整瓜腐烂。

（2）防治方法　种子消毒。　可用50～55℃温水烫种10分。

1）平衡施肥　以产定氮，增施磷、钾肥料，补施微量元素，不施带菌厩肥。

2）药剂防治　发病初期用50%炭疽灵可湿性粉剂500～700倍液，生物杀菌剂1%武夷菌素（BO-10）水剂200倍液，每周喷施1次，均有预防和治疗效果。

4. 如何防治西瓜疫病？

疫病（彩图2）侵害西瓜茎叶及果实。

（1）发病条件与症状　在降水、流水和积水时病菌由伤口侵入。发病适宜温度为25～30℃。排水不良或通气不佳的过湿地块发病重。降水时病菌随飞溅的水滴附于果实而蔓延。苗期发病，子叶上出现圆形水浸状暗绿色病斑，然后中部呈红褐色，近地面缢缩猝倒而死。叶片受害，上面初生暗绿色水浸状圆形或不规则病斑。湿度大时，软腐似水煮，干时易破碎。茎基部受害，生纺锤状凹陷的暗绿色水浸状病斑，茎部腐烂，病部以上全株枯死，但维管束不变色，这是与枯萎病的主要区别。果实被害形成暗绿色近圆形凹陷水渍状病斑，很快蔓延扩展到全瓜皱缩软腐，表面长有灰白色绵毛状物，常有臭味。

（2）防治方法

1）农业防治　选择地势高燥，排浇良好的田块，采用瓦垄畦种植法，并在植株周围覆盖农膜，行间铺盖作物秸秆，防止雨滴和浇水溅起而引起病菌孢子发病，且实行 2 年以上的轮作，杜绝土壤中残留的病原菌。

2）药剂防治　苗期，用 72.2% 霜霉威盐酸盐水剂 400 倍液 +80% 丰收可湿性粉剂 800 倍液 +72% 的农用链霉素可溶性粉剂 2 000 倍液淋浇幼苗根际，1 米 ^{2} 用药液 3 千克，不但治疗疫病效果较好，而且兼治立枯、炭疽等病。另外，苗弱时加入 0.2% 尿素和 0.3% 磷酸二氢钾或 1%"绿芬威"Ⅰ号，不但治病效果好，还可促使菜苗由弱转壮。结果期，发病前用 90% 乙膦铝可湿性粉剂 800 倍液 + 高锰酸钾晶体 2 000 倍液，发病后用 80% 霜脲氰可湿性粉剂 800 倍液叶面喷雾，7 ～ 10 天 1 次，连续 2 ～ 3 次。

5. 如何防治西瓜菌核病?

该病全国均有发生，棚室危害严重。露地西瓜在多雨年份或部分地区发生，除西瓜外，可危害 31 科 171 种植物。

（1）发病条件与症状　该病由子囊菌亚门核盘菌属的核盘菌侵染所致。温度 15℃ 左右，空气相对湿度在 85% 以上，黏土、偏氮地块易发生此病。茎蔓、叶柄、卷须、花、果实均可受害。引起果实腐烂、植株枯死。茎蔓受害，初为水渍状小斑，后变为浅褐色至褐色，并环绕全茎。病部离茎基部远近不等，可在 5 ～ 100 厘米，以 20 ～ 30 厘米内发病最多。湿度大时，病部软腐，表面生有白色絮状霉层，最后形成黑色菌核。叶柄受害与茎蔓相同。花受害时呈水渍状软腐，卷须受害开始也是水渍状，后干枯而死。

（2）防治方法

1）农业防治　轮作，与非寄主作物实行 2 年以上的轮作，有条件的可进行水旱轮作，防病效果更好。施用净肥。苗床所用的有机肥要求充分腐熟，严禁使用未腐熟的带有病残体的有机肥料。

2）药剂防治　①床土消毒，对育苗床土用 70% 敌磺钠原粉 1 000 倍液，1 米² 浇 4～5 千克消毒。②棚室施药，棚室栽培西瓜时，在发病初期用百菌清或扑海因烟剂熏烟防治，每棚室用药视产品含量而定，连熏 2～3 次。有条件者也可在棚内喷洒粉尘剂防治。③露地用药，发病初期喷洒生物杀菌剂 1% 武夷菌素（BO-10）水剂 200 倍液；80% 代森锰锌可湿性粉剂 800 倍液；50% 扑海因可湿性粉剂 1 000～1 500 倍液；60% 防霉宝可湿性粉剂 500 倍液。以上各种药剂隔 7 天左右喷 1 次，连喷 2～3 次。

6. 如何防治西瓜灰霉病?

（1）发病条件与症状　西瓜灰霉病菌的无性世代为半知菌亚门的葡萄孢属灰葡萄孢菌；有性世代为子囊菌亚门的葡萄孢盘菌属富氏葡萄孢盘菌。病菌生长温度 2～33℃，以 22℃～25℃为最适。分生孢子形成的相对湿度为 95%。故在高温高湿条件下，病害发生较重，连作田发生重。西瓜在育苗时期感病，心叶先受害枯死，形成"烂头"，以后全株枯死，病部长有灰色霉层，是病菌的分生孢子梗和分生孢子。花瓣受害，易枯萎脱落。幼果受害，多发生在花蒂部，初为水浸状软腐，以后变为黄褐色，并腐烂，脱落。受害部位的表面，均密生灰色霉层，空气湿度大时，霉层更明显，病害扩展得更快。

（2）防治方法　参照菌核病防治方法。

7. 如何防治西瓜黑星病?

该病主要侵染黄瓜，西瓜很少发生。但在 1989 年在我国浙江首先报道该病侵染西瓜，其他地区均没报道发生。

（1）发病条件与症状　病原属半知菌亚门中的瓜疮痂芽枝霉菌。该菌产孢适宜温度为 18～24℃，低于 15℃和高于 30℃时停止产孢。分生孢子萌发，必须要有水滴，并以 20℃为最适，该特性决定了该病在棚室西瓜上较易发生，而露地西瓜只能在高温地区和多雨年份才会发生。地上各部均可发病。幼苗受害，心叶枯萎而死。叶片发病，初为水浸状小污点，后扩展为直径 1.0～3.0 毫米外有黄晕且不受叶脉限制的褐色病斑，后期病斑呈星状开裂，形成穿孔脱落。茎蔓发病，产生椭圆形或长椭圆形凹陷斑。茎蔓尖端受害，生长停止，侧蔓丛生。果实感病，在果实表面产生暗绿色凹陷斑，病部溢出琥珀色胶状物，胶状物脱落后病斑呈疮痂状并产生龟裂。在潮湿条件下，病部产生黑色霉层，即病菌的分生孢子梗和分生孢子。

（2）防治方法

1）农业防治　选用无病种子，通过建立基地自己选留种子，不从发病区引种。种子消毒，对怀疑带病的种子，用 55℃ 温水浸种 15 分。轮作，与非寄主作物实行 3 年轮作，避免在黄瓜黑星病发生的棚室栽培西瓜。

2）药剂防治　用 1% 武夷菌素（BO-10）水剂 150 倍液消毒。在发病初期，喷洒 80% 敌菌灵可湿性粉剂 500 倍，80% 代森锰锌可湿性粉剂 800 倍液，50% 扑海因可湿性粉剂 1 500 倍液，60% 多菌灵盐酸盐可湿性粉剂 600 倍液等，隔 7～10 天喷 1 次，连喷 2～3 次。

8. 如何防治西瓜蔓枯病?

蔓枯病（彩图 3）俗称黑腐病、斑点病，西瓜的叶、秧、果实均能受害。以叶片受害最重，症状近似炭疽病。

（1）发病条件与症状　由子囊菌门和半知菌亚门真菌侵染所致。土壤中病菌靠风、雨传播，种子也可带菌。该菌是从伤口和气孔侵入。病菌在 6～34℃ 均可侵入危害。最适发病温度为 20～30℃，病菌在 55℃ 条件下 10 分死亡。高温、高湿通风不良的田块易发病。该菌对土壤酸碱性要求不严格，但以弱酸条件为宜。缺肥、长势弱利于发病。叶片发病出现 1～2 厘米的圆形或不规则形病斑，一般发生在叶缘附近形成弧状，病斑中间产生黑色小斑，病叶干枯后呈星状破裂，遇连续阴雨，则全叶变黑枯死。秧子上发病是通过叶柄传染的；病斑主要在基节附近部位，为椭圆形或不规则形，灰褐色，有时密布黑点稍肿胀，干枯后凹陷。果柄上的病斑肿胀明显，多呈疮痂状。西瓜感病后，开始出现水浸状病斑，中央变成褐色枯死斑，后期褐色部分呈星状分裂，内部组织坏死呈木栓状干腐。发病严重时植株凋萎枯死。蔓枯病与炭疽病的区别在于病斑间不产生粉红色黏质物，而产生黑色小点。病斑肿胀不凹陷。与枯萎病的区别是发生没有枯萎病早，萎蔫没有枯萎病快，皮层下组织变褐，维管束不变褐。

（2）防治方法

1）种子处理　①温汤浸种，用55～60℃热水浸种15～20分。②干热处理，将种子置70℃恒温箱中干热处理72小时。③药剂浸种，用高锰酸钾500倍液或40%甲醛100倍液浸种30分，捞出洗净后6～8小时再催芽播种。

2）药剂防治　①发病初期用80%代森锰锌可湿性粉剂800倍液7～10天1次叶面喷雾，连续3～4次，雨前喷雾最好。②60%敌磺钠可湿性粉剂500倍液，涂抹患病部位，效果良好。

扒土晒根，可控制蔓延。

9. 如何防治西瓜枯萎病?

枯萎病俗称萎蔫病、裂秧病、蔓割病（彩图4）。是瓜类作物的毁灭性病害，该病在西瓜苗期和成株结瓜期均可发生，但以结瓜开始时为盛发期，对西瓜生产威胁很大，治疗无理想药剂，瓜农称之为癌症，是限制西瓜重茬种植的主要因素。

（1）发病条件与症状　病原为半知菌亚门真菌尖镰孢菌西瓜专化型真菌。土壤酸性发黏，久旱不雨，时雨时晴，晴天暴雨骤晴，地势低洼，排水不良，基肥过多，氮肥过量，浇水过多，施用酸性肥料，连作重茬，施用未腐熟的有机肥灼伤根部，田间操作不当造成伤口，均会增加病菌入侵机会而造成发病。病菌在西瓜能勉强生育的温度4～38℃都会发生，苗期16～18℃时，成株期24～34℃是该病发病的适宜温度。因此此病不能通过调节温度来控制其发病。该病菌可通过土、肥、水、种子及人为活动传播发病。其发病机制为：从根部伤口和根毛顶端的细胞间隙侵入，先在细胞间繁殖，后由中柱深入木质部，在导管中发育，分泌毒素，逐渐堵塞导管，影响水分运输，引起植株萎蔫死亡。由根部侵入的发病快，由地上部侵入的发病慢。从出苗至拉秧各生育期均能发病，但以伸蔓后到结瓜时发生最重。幼苗发病、幼茎基部变褐缢缩，子叶萎蔫下垂，真叶发黄，发生猝倒。幼苗早期受害，会发生死芽，不能出土而腐烂。成株后发病，先是表现株体茎叶生长缓慢，下部叶片发黄，逐渐向上发展。发病初期，近根部叶片白天萎蔫，晚上恢复正常。随着病情的加重，恢复程度减轻，最后整株枯死，从发病至枯死一般需 5～10 天。检视病秧基部，表皮纵裂粗糙，潮湿时茎基部呈水渍状腐烂，出现白色或粉红色霉状物，并外流胶质物，病部不肿胀也不凹陷，病茎纵切面上，维管束呈黄褐色。此点是区别于疫霉病和蔓枯病的检验方法。

（2）防治方法

1）农业防治　清洁田园，实行长期轮作。病菌可在旱田土壤中存活 10 年，在水田 5～6 年以上，所以要实行长期轮作，并禁用瓜皮、瓜秧积肥，也不要用喂过瓜皮瓜秧的牲畜粪便作为肥料。

选用无病种子，并进行种子处理。一般用高锰酸钾 500 倍液，或 55℃温水浸种 30 分，捞出后冲洗干净，催芽播种。

土壤消毒。优质生石灰加水成粉末过筛，按 1 米^{2}500 克均匀撒于地表，然后深翻 30 厘米，降低土壤酸度并杀死土壤中的病菌，减轻病害发生。也可用 50% 多菌灵可湿性粉剂，50% 敌磺钠可湿性粉剂 1 500 克／亩，整地时撒于犁沟内。

2）药剂防治　定植时用 50% 多菌灵可湿性粉剂或 60% 敌磺钠可湿性粉剂 500～700 倍液浇根，株用药液量为 0.25 千克。据笔者多年实践：发病初期劈开病部瓜秧，或刮破病部地下部分表皮用鲜大蒜汁加 70% 甲基硫菌灵可湿性粉剂涂抹患部或在离根 15 厘米处埋入草木灰或腐熟油酱疗效显著。另外，从坐瓜期开始用 500 倍多菌灵＋石油助长剂或 60% 敌磺钠等交替喷施，5 天 1 次，连续 4 次，对坐瓜期枯萎病防治效果较好。用 20% 三唑酮乳油 500 倍液浇根，每株用药液 250 毫升，也可收到较好的效果。

10. 如何防治西瓜花腐病？

（1）发病条件与症状　病原属带合菌亚门笋霉属的瓜笋霉菌。病原的越冬尚不明确，露地条件下以菌丝体和接合孢子随病残体在土壤中越冬，翌年产生孢子囊和孢囊孢子，借风雨传播，侵染西瓜花和果实，引起腐烂，并在病花和病果表面产生孢子囊和孢囊孢子反复侵染，使病害扩大蔓延。设施西瓜染病是孢囊孢子的再次侵染。西瓜开花期遇高温多雨、田间积水、管理不良以及连作或设施内湿度大、通风不良发病重，害虫多的瓜田发病重。该病侵染果蒂部的花，引起花腐，并引起幼果发病，使幼果呈水渍状软腐，严重时引起果实腐烂。在瓜田可造成大量幼瓜腐烂而严重减产。在多雨条件下，病部长出灰白色绵毛状物和灰白色至黑色的头状物，前者为病菌的菌丝体，后者为孢囊梗和孢子囊。

（2）防治方法　参照西瓜叶斑病。

11. 如何防治西瓜白粉病？

白粉病（彩图5）属真菌病害。主要危害西瓜叶片，其次是茎和叶柄。

（1）发病条件与症状　由子囊菌亚门真菌中的葫芦科白粉菌侵染所致。病菌孢子温度在 10～30℃ 均可萌发，20～25℃ 最适宜。该病害靠气流传播。病害发生对湿度要求较低，相对湿度 36%～40% 就可以从表皮直接侵入、侵染发病。即使相对湿度降到 25%，分生孢子也能萌发。高温干旱与高温高湿交替出现时病害易流行。寄主受到干旱影响白粉病发病重，这是因为干旱降低寄主表皮的膨压，对表面寄生并直接从表皮侵入的病菌侵染有利。发病初期叶片正反两面出现病斑呈圆形白粉状，幼茎、叶柄也会出现白粉。严重时白粉连片，整个叶呈白粉状，很像叶面上撒了一层白粉，后变灰白色，有时上面产生许多小黑点，叶片逐渐变黄、卷缩、发脆，最后叶片失去光合作用，一般不落叶，致使叶片逐渐枯萎。

（2）防治方法

1）预防　与禾本科作物实行 3～5 年轮作。露地和保护地西瓜收获后，彻底清除瓜株病残体，集中深埋或烧毁，消灭菌源。

加强栽培管理。科学施肥，合理密植，做到旱能浇，涝能排，远离菌源选地等，并加强田间管理，增强植株抗性，减少侵染菌源，减轻病害发生。

2）生物防治　用 1%BO-10（武夷菌素）水剂或 2% 农抗 120 水剂 150 倍液喷雾防治，隔 5～7 天喷 1 次，连喷 3～4 次。

3）药剂防治　用 20% 三唑酮乳油 3 000 倍液，每 5～7 天喷 1 次，连喷 3～4 次，每次每亩喷药液 75 千克，对西瓜炭疽病有防治效果。

12. 如何防治西瓜霜霉病？

（1）**发病条件与症状**　病原属鞭毛菌亚门真菌中古巴假霜霉菌。　霜霉病的发生与西瓜植株周围环境的温湿度关系非常密切，特别是湿度更为重要。病菌侵入叶片的温度是 10 ～ 26℃，最适合的温度为 16 ～ 24℃，温度越高，对病菌的抑制作用越大。病菌在田间大流行适宜温度为 20 ～ 24℃。平均温度在 20 ～ 25℃时，3 天就可以发病。试验证明，夜间温度由 20℃逐渐降到 12℃，叶面有水膜 6 小时，或夜温由 20℃逐渐到 10℃，叶面有水膜 12 小时，病菌才能完成发芽和侵入。日平均温度 15 ～ 16℃，病菌潜育期为 5 天；17 ～ 18℃，潜育期 4 天；20 ～ 25℃，潜育期为 3 天。低于 15℃或高于 30℃发病受抑制。当空气相对湿度在 83% 以上时，也就是当叶面上有水膜存在时，以上温度条件就要发病。此病害主要危害功能叶片，幼嫩叶和老叶受害少，对于一株西瓜，病菌侵入是逐渐向上扩展的。发病初期，当叶背面有水膜时，看到有针刺水浸状斑点，当水分蒸发后，就看不到病斑；如病情继续发展，由于受叶脉的限制，逐渐形成多角形病斑，继而连成一片。当叶子上没有水膜存在时，从叶子正面看有不规则的黄色病斑，叶面再继续潮湿，在叶背面还会长出紫灰色霉状物，继续发展，叶片由黄变干枯。发展的顺序是由植株下部叶片开始，逐渐向上部叶片发展。该病症状的表现与品种抗病性有关。西瓜的霜霉病在叶片的表现不像黄瓜上表现得很明显，一旦发现，常猛然引起大部分叶片枯焦，从而引起植株死亡。

（2）**防治方法**　此病的预防应以控制生态环境为主，发病以后要采取生态防治、生物防治、植物杀菌和药剂防治相配合的综合防治措施。

1）农业防治　与禾本科作物进行 3 ～ 5 年轮作。

2）药剂防治　在加强田间管理，提前喷药预防。一般日平均气温为 15℃，空气相对湿度达 85% 以上时，田间易出现中心病株，应及时喷药预防，尤其是结瓜期遇雨，发病可能性更大。可用80%代森锰锌可湿性粉剂800倍液喷雾防治。

13. 如何防治西瓜叶斑病？

（1）**发病条件与症状**　叶斑病（彩图 6）病原属半知菌亚门真菌中的瓜类尾孢菌。病菌可在病残体及种子上越冬，翌年借气流及雨水传播，从叶片气孔侵入，经 7～10 天发病后进行再侵染，多雨季节或设施内湿度大时，该病易发生和流行。病斑在叶片上的表现为褐色或灰褐色，形状为圆形或椭圆形至不规则形，直径 0.5～12 毫米，病斑边缘明显或不大明显，湿度大时，病部表面生灰色雾层。

（2）防治方法

1）农业防治　选用无病留种田的种子或用 2 年以上有发芽力的种子。实行 2 年以上轮作。种子消毒。将西瓜种子用 55℃温水恒温浸种 15 分。

2）药剂防治　发病初期及时喷洒 50% 混杀硫悬浮剂 500～600 倍液或 50% 多硫悬浮剂 600～700 倍液；10 天左右防治 1 次，连防 2～3 次。

14. 如何防治西瓜根腐病?

（1）发病条件与症状　病原属鞭毛菌亚门真菌中的辣椒疫霉菌。病菌在病残体上越冬，可在土壤中存活 5～6 年，甚至长达 10 年之久。病菌从根部伤口侵入，然后借雨水或浇灌水传播蔓延，进行再侵染。高温、高湿是发病的有利条件，连作茬、低洼易涝地、栽培畦下水多、易积水和黏土地发病重，发病初期根及茎基部呈水浸状病斑，然后腐烂。病部腐烂处的维管束变褐，不向上发展，这是区别于枯萎病之处。发病部位后期糟腐，留下丝状维管束。植株发病中后期中午叶片萎蔫，早晨、晚上尚能恢复。严重者则不能恢复而枯死。

（2）防治方法　农业防治为主，药剂防治为辅。

1）农业防治　实行轮作，避免连作；整平土地，采用高畦栽培，防止大水漫灌及雨后田间积水，苗期发病要及时松土，增强土壤透气性，抑制病菌的侵染。

2）药剂防治　发病初期喷施或浇灌 50% 甲基硫菌灵可湿性粉剂 500 倍液或 50% 多菌灵可湿性粉剂 500 倍液。用 50% 甲基硫菌灵可湿性粉剂或 50% 多菌灵可湿性粉剂 1 份 + 土 100 份配成药土撒在茎基部，防治效果较好。

15. 如何防治西瓜细菌性角斑病?

（1）发病条件与症状　（彩图 7）由丁香假单胞杆菌流泪致病变种侵染所致，属细菌。发病温度为 10～30℃，适宜温度 24～28℃，适宜相对湿度在 70% 以上，低温、高湿利于发病，病斑大小与湿度有关，夜间饱和湿度持续超过 6 小时，叶片上病斑大且典型。空气相对湿度低于 85% 或饱和时间低于 3 小时，病斑小。

昼夜温差大，结露重且持续时间长，发病重。在田间浇水次日，叶背出现大量水浸状病斑或菌脓。只要有少量病菌，即可引起该病的发生和流行。主要发生在叶、叶柄、茎、卷须及果实上。叶片染病初期有针尖大小透明状小斑点，扩大后形成具黄色晕圈的淡黄色斑，中央变褐色或呈现灰白色穿孔破裂，湿度大时病部发生乳白色细菌溢脓。茎和果实染病，初期呈水浸状病斑，后也溢有白色菌脓，干燥时变为灰色，且常形成溃疡和裂口。

（2）防治方法　选用抗病品种，不同品种抗病能力不同。种子灭菌，70℃干热恒温灭菌72小时，或100万单位农用链霉素500倍液浸种2小时，冲洗干净后催芽播种。也可用50%琥胶肥酸铜（DT）可湿性粉剂500倍液，60%琥铜·乙膦铝（DTM）可湿性粉剂500倍，40万单位青霉素钾盐5 000倍液叶面喷雾，都有较好的防治效果。

16. 如何防治西瓜细菌性褐斑病？

（1）发病条件与症状　病菌为野油菜黄单胞杆菌黄瓜叶斑病致病型。菌体杆状，两端钝圆，单极生一根鞭毛。该菌主要通过种子传播，播种带病种子在田间形成发病中心，病菌在病株的病部繁殖，通过雨水、农具、昆虫等进行扩大传播。侵染果实后形成病瓜，导致种子带菌而继续传病。主要危害叶片、茎蔓、果实（彩图8）。叶部病斑初期呈水浸状特点，发展为带有黄边的褐色小斑，以后病斑扩展增大，达到叶脉后，沿叶脉向叶柄扩展。病斑扩大后互相愈合，形成较大的病斑，引致叶片干枯。果实受害后则造成烂瓜。除危害西瓜外，黄瓜、葫芦均可危害。

（2）防治方法　清洁田园，及时清除病残叶。

药剂防治。发病初期用100万单位农用链霉素4 000倍液进行叶面喷雾，7天1次，连续3～4次。

17. 如何防治西瓜细菌性青枯病？

（1）发病条件与症状　西瓜细菌性青枯病由欧文杆菌属的瓜类萎蔫欧文菌侵染所致。该病发生最适温度为25～30℃，33℃以上不易发病。连作瓜田食叶甲虫带菌为初侵染源。细菌从伤口侵入植株，并不断增殖。引起瓜株凋萎死亡。

该病主要危害西瓜茎蔓,受害处初呈水浸状斑,随后病斑迅速扩展达到环绕茎蔓一周后,病部变细,两端仍呈水浸状,因水分输导受到影响,茎蔓先端叶片出现凋萎,由上向下发展,最后全株凋萎死亡。剖视病蔓,维管束一般不变色,剪取病蔓用手挤捏,可见病部有乳白色黏液自维管束断面溢出(即菌脓),镜检可检出菌体。植株根部很少腐烂。这一点可用于真菌性枯萎病的区别。

(2)防治方法 同细菌性褐斑病。

18. 如何防治西瓜病毒病?

(1)病毒病症状(彩图9) 有花叶和蕨叶两种类型。花叶型叶片上出现黄绿镶嵌花斑,染病叶面凹凸不平,新叶畸形,植株先端节间短缩。蕨叶型表现新叶狭长,皱缩扭曲,花器官发育不全,难于坐果或形成畸形果实。

(2)发病条件 高温、干旱、强光是发病的主要条件,蚜虫是主要传病媒介。

(3)防治方法

1)农业防治 要做好种子消毒,在整枝、压蔓、授粉等田间作业时,尽量防止接触病株。加强田间管理,提高植株抗病能力。

2)药剂防治 发病期喷药防治,主要用药可选下列其中一种,或交替使用。

①苗期。发病前2～4叶期用卫星病毒N14进行接种或用NS-83增抗剂进行耐病毒诱导。发病初期用病毒酰胺、病毒A、利巴韦林等药剂300～600倍液喷雾或浇根防治。用抗毒剂一号300～400倍液喷雾结合浇根,或7～10天喷1次5毫升/升的萘乙酸加0.2%硫酸锌溶液,连喷2～3次。②结果期。五合剂:高锰酸钾(1 000倍液)+磷酸二氢钾(300倍液)+食用醋(100倍液)+尿素(200倍液)+红(白)糖(200倍液),在水量一定后,按上述规定的浓度分别加入各药剂。7～10天喷1遍,连喷3遍。发病初期喷用,第一次喷药量要大些。 菌毒清合剂:菌毒清(400倍液)+磷酸二氢钾(300倍液)+硫酸锌(500倍液),配法同五合剂。5～7天喷1遍,连喷3遍。医用病毒灵10支+硫酸锌40克+高锰酸钾12.5克+农用链霉素2.5克。上述药剂碾碎后,先溶解在少量冷水里(用热水可能引起容器爆裂),然后加足12.5千克冷水,再按0.5～1毫升/升浓度加入三十烷醇。5～7天喷1遍,连喷3遍。

19. 如何防治西瓜僵化病?

该病是我国在海南省发现的一种新病害，患病的瓜蔓不能开花结果。据田间调查，一般发病率为 10%～20%，严重的发病率达 40%，造成严重减产。

（1）发病条件与症状　西瓜僵化病的病原为植原体病害。形状为椭圆形或不规则形，菌体无细胞壁，只有单位膜，厚度约为 10 纳米，菌体大小为 250 毫米 ×916 毫米。

病原在叶蝉类介体昆虫体内越冬，介体昆虫危害瓜苗时进行传病，但具体传病规律及发病条件目前尚不清楚。在西瓜伸蔓后发病，典型的是西瓜蔓生长点顶部硬直、挺起、扁生，叶片变小，轻度矮化、丛生，使患病的瓜蔓不能开花结果。

（2）防治方法　调查当地栽培的西瓜品种中选择不发病或发病轻的品种栽培。二是搞好苗期防虫，切断介体昆虫的传病来源。

20. 如何防治土壤积盐引起病害?

（1）症状　植株矮小，根系发育不好，根毛少、根色黄，长势弱，产量低。棚室利用时间越长，土壤积累的盐分浓度越大，危害越重。

（2）病因　土壤中盐分的积累有两个方面：肥料除了被吸收的成分之外，常常含有不能被西瓜吸收的成分，残留在土壤中积累下来；土壤中由于硝化作用产生的硝酸盐，也可以积累起来。由于棚室内施肥量过大、加上温度高，土壤水分蒸发量大，于是土壤中的盐分就借毛细管水上升而在表土层集聚，大棚在稍干旱的情况下表土有白色盐类析出就是这个原因。西瓜根系属肉质根，对土壤中盐分浓度抗性较差。棚室西瓜土壤中每 100 克干土水溶性氮（铵态＋硝态）总量达 10～20 毫克为生长发育正常的适宜含量，大于 30 毫克时就可发生危害。每 1 000 米^2 铵态氮加硝态氮每 6～12 千克为正常生长的适宜值，超过 18 千克为产生危害的含量。不过同样的盐分浓度在沙土地易产生危害。

（3）防治方法　达到盐分危害临界的棚室土壤，春季可种一茬保护地菜，夏秋种一茬露地菜，通过雨水淋后，使土壤中的盐分随水分的渗失而淋溶到深层土壤中去。也可以深翻压盐。合理施肥，减少无机肥，增加有机肥也是一种有效措施。

21. 如何防治急性枯萎病？

（1）症状　每日中午植株萎蔫，早晚和阴天恢复，严重时萎蔫之后不能恢复。经过数次反复而枯死。

（2）发病条件　果实收获10～15天前后，在连续阴雨天后的晴天整株萎蔫。或晚西瓜在7～8月暴雨后猛晴时发生严重。由于强整枝、多结果使根的活性降低的情况下容易发生。坐果不良和南瓜砧木嫁接的发生少。一般认为：本症状是随着碳水化合物向果实分配量增多，向茎叶和根系分配量减少，降低了根的活性而引起的。

（3）防治方法　科学管理水分、养分和增加侧枝数目等以维持植株生长势，强化根的活性，一旦发生，及时喷爱多收6 000倍液＋绿芬威2号1 000倍液＋株保18水剂250倍液＋糖水蒸汽50倍液的混合液，每3天1次连喷2～3次。夏天暴雨后猛晴要及时浇机井水并迅速降低地温，减少根系烫死，增强根系活力。

22. 如何防治粗蔓病？

肥料中水分过多，温度偏高，光照不足，蔓上又没有坐果的情况下，植株营养生长过旺，瓜蔓的顶端会形成拇指粗长满绒毛、瓜秧长翅的粗蔓。患有粗蔓病的植株不容易坐果。预防的方法是氮肥不要施得过多，从幼苗开始就应给予充足的光照，以确保花芽健壮。如果开花前出现粗蔓，可摘除蔓心，破坏其生长势，也可喷洒激素抑制生长。常用15%多效唑可湿性粉剂200～2 000毫克／千克或缩节胺2～5克／亩地叶面喷雾。

23. 如何防治西瓜叶枯病？

（1）发病条件与症状　叶枯病又叫卷叶炭疽（彩图10）。在收获前10～15天发生，土壤施磷肥或钾肥过多，锰肥过剩的情况下，瓜果膨大后期，根部吸收的养分不足，坐果节位的叶片养分便就近向瓜果输运，以致发生叶枯症。叶枯病开始在坐果节位处的叶片的叶脉上出现黑褐色小斑点，然后向上部或下部叶片扩散，严重时可扩展到顶端。其症状：一是叶缘发生黑色枯叶，严重时叶脉间出现褐变组织，这些病斑逐渐扩大并增多，有的叶子内侧卷曲老化而枯死；二是叶脉间产生白色斑点，逐渐向叶缘扩展，叶缘向上卷曲。一般生长势弱的植株发病率高且重。当 pH 在 6～9 时，几乎不发病，如果土壤酸性增强，发病就逐渐加重。

（2）防治方法　防止叶枯病发生的措施是改善土壤条件，促进根系发育，其方法：一是加深耕层，增施有机肥，合理施用化肥，以扩大根系的分布范围；二是合理整枝，防止侧枝过多而使根系活力变弱，促进养分和水分的顺利吸收；三是适时适量浇水，确保肥水供应；四是进行秸秆覆盖栽培。为了防止土壤干燥，可在瓜地上铺盖一层碎稻草或碎麦秸等作物秸秆，喷 0.5% 硫酸镁于秸秆正反两面。

24. 如何防治嫁接株后期生理性枯萎病？

（1）症状　此病与西瓜真菌性枯萎病的区别在于病茎维管束不变褐，且发病迅速。

嫁接株生理性凋萎现象主要发生在坐果至果实成熟阶段。病株叶片白天萎蔫，夜间略有恢复，3～4 天后加重，有的枯死，没有死亡的病株茎蔓基部呈畸形膨大，维管束闭塞，水分输送受阻，茎叶因脱水而发生凋萎。

（2）发病原因　砧木不适。不同种砧木材料与西瓜接穗的共生亲和性不同，凡共生亲和性差的都易出现急性凋萎。

整枝强度大，坐果节位低。在整枝强度大，使植株同化养分不足，抑制了根系生长，导致植株凋萎。坐果节位低，植株营养体小，同化产物不足，也会导致急性凋萎。

生长环境不良。在光照强、气温高的情况下，植株茎叶水分蒸发速度快，易引起急性枯萎。长期阴雨天光照不足，导致植株根叶功能下降，也会产生急性枯萎。

嫁接接合面的大小，关系到砧木与接穗间连接导管的形成和质量，接合面小，导管连接差，形成数量也少，因而影响了矿物质吸收和同化产物的运转，在生长中后期，植株就会因水肥供应不足而产生急性枯萎。

（3）**防治方法** 选用适宜品种做砧木。大面积嫁接前，必须进行不同砧木材料的筛选试验，从中选出对急性枯萎有较强抗性的砧木品种。瓠瓜砧嫁接亲和性好，出现急性枯萎的情况较少。

合理整枝改善栽培环境。通过合理整枝来增加植株营养面积，保证有充足的光合产物供根系生长需要。在设施栽培中既要保证设施内有充足的光照，又要保证设施内有适宜的温、湿度。

延缓叶片衰老。后期叶面追肥及喷洒赤霉素、细胞分裂素、细胞赋活剂、光合肥等生理活性物质，增强植株活力，延缓叶片衰老。

提高嫁接质量。嫁接时要尽量加大砧木与接穗切口的接触面，以促使嫁接口间接通较多的导管，以利后期水肥的顺利输送。一般保证嫁接切口的长度在1厘米以上。

25. 如何防治营养元素失衡导致的生理病害？

西瓜生产受施肥技术的影响及其产品效益的驱动，在施肥上往往出现1次性投入某一种营养元素过多，而导致营养过剩或导致某些元素吸收受阻而致贫缺，出现施肥不少，西瓜也没长好的情况，尤其是在保护地栽培的西瓜经常发生。原因是西瓜正常的生长和发育需要吸收多种营养元素，只有这些营养元素供应数量充足而且搭配比例合理，才能保证西瓜正常的发生发育，否则，某种或某几种元素供应不足或供应过剩都会对西瓜产生不良的影响，导致产量降低。这里需要指出的是西瓜对某种营养元素表现出过剩和缺乏形态时，除了受施肥量大小以外，还受其他元素的存在状态和供应水平的影响，因为土壤中各元素之间有拮抗、激发等相互作用，同时还受病、虫、草等的危害和环境因素（空气干湿、温度高低，土壤墒情等）的影响，因此，必须慎重对待田间的缺素症状，综合分析多种环境条件，确定缺素种类，以便对症施治，做到既补足所缺元素又保证不过剩、不盲目下结论，造成该补足的元素没补，不该补充的元素却补得不少，导致新的缺素症状发生。例如，一般瓜田所含的钙素营养都可以供应高产条件西瓜生长发育的需求，但在许多情况下出现缺钙的现象，多是由于土壤中一次性供应氮、钾过多所造成。

（1）氮素过剩

1）症状　叶片肥大，叶片浓绿，主茎徒长，节间长，侧蔓丛生。花芽分化及细胞生长点分化紊乱，雌花小，易化瓜。

2）原因　施氮过多，温度和水分管理不当。

3）防治方法　测土施肥，避免偏施过量氮肥，同时注意氮、磷、钾肥搭配。出现氮肥过剩症状后，增加浇水，喷施激素、设施内加大通风，加大昼夜温差等。

（2）氮素缺乏

1）症状　叶片小薄，叶色浅黄，近根部叶缘沿叶脉黄枯，茎蔓瘦弱，节间短，侧枝少或无分枝，雌花小，虽易坐果，但易早衰，瓜长不大。

2）原因　施肥不足或不均匀，未腐熟秸秆肥施用多，浇水量大。土壤质地粗糙（沙土），氮素以硝酸根状态流失，也能通过微生物的反硝化作用以气态氮形式挥发。

3）防治方法　培肥土壤，增施有机肥，做好地面覆盖，防止氮肥流失。出现缺氮迹象时，及时追施速效氮素化肥，作为应急措施可向叶面喷施0.2% ～ 0.5%尿素液或富氮叶面肥。

（3）磷素缺乏

1）症状　叶色发紫，茎蔓短小，根系发育不良，开花迟，成熟慢，结果不良，易化瓜。

2）原因　土壤中缺少磷素或植株出现吸收障碍引起。

3）防治措施　对土壤缺磷田块，追施速效磷肥，如磷酸二铵、过磷酸钙、硝酸磷肥等，叶面喷施0.3%磷酸二氢钾或磷酸氢钙等，调整土壤水分含量和温度，促进根系发育，提高瓜株吸肥能力。

（4）磷素过剩

1）症状　磷过剩不像氮过剩会导致植株徒长，而是使植株生长发育受抑制，出现足磷发僵症。叶片厚而集中，系统生殖器官过早发育，引起植株早衰。由于水溶性磷酸盐可与土壤中的锌、铁、镁等阳离子结合生成难溶性化合物，而降低锌、铁、镁的有效性，因此磷过剩的症状通常以缺锌、缺铁、缺镁等失绿症而表现出来。

2）原因　施磷过多。

3）防治方法　在磷素过多的地块，应不施或少施磷肥。但要多施有机肥使土壤积储的磷转变为可供态供西瓜需要。在控制磷用量的同时，适当增施钾、铁、锰、锌及氮肥，以平衡营养。

（5）钾素缺乏

1）症状　瓜株茎蔓细弱，叶片皱曲，老叶边缘变为褐色而枯死。

2）原因　钾是以离子态存在的，因此沙质土壤易淋失，黏土易固定。铵态氮施用过多，抑制钾的吸收，缺钙、镁易诱发西瓜缺钾。

3）防治方法　增强地力蓄积钾元素，注意增施有机肥，待西瓜需钾时随时可以吸收，因硝态氮激发吸收钾，铵态氮抑制吸收钾，适当多施硝态氮，增施镁、钙肥，促进对钾的吸收。发生缺钾时土壤追施钾肥10千克，或叶面喷施0.3%磷酸二氢钾水溶液。

（6）钾素过剩

1）症状　一般表现不明显，主要在保护地发生重，多表现为缺钙、缺镁症。

2）原因　保护地与露地不同，不受降水淋洗，较少发生钾的流失问题，过多施钾可以在土壤中积聚，抑制钙、镁的吸收，在低温等情况下多以缺钙、镁的形式表现出来。

3）防治方法　合理施用钾肥，勿使过量。出现钾过剩时及时浇大水或补施含有钙、镁元素的氮、磷复合肥。

（7）钙缺乏

1）症状　缺钙常表现在新生组织上，典型症状是幼叶叶缘黄化，叶内侧面卷曲，茎蔓顶端生长受阻或变褐色枯死。此种症状易与低温涝害相混淆。诊断时掌握缺钙症出现在连续阴雨猛晴时，涝害黄叶出现在浇大水后。

2）原因　偏施钾肥抑制钙的吸收，或土壤干旱、高温造成西瓜根系对硼的吸收受阻。进而影响到对钙的吸收。

3）防治方法　平衡施肥，适时适量浇水，促进根系对钙的吸收；叶面喷施0.5%氯化钙或硝酸钙加适量的维生素 B_6 溶液补钙。

（8）钙素过剩

1）症状　土壤钙过剩可致使土壤变成碱性。除铜以外，微量元素的溶解度都降低。因此，易引起微量元素缺乏症，出现锰、铁、锌、硼等缺乏症，但无钙中毒问题。

2）原因　土壤碱性或施入石灰质肥料过多，土壤中钙过剩。保护地内因无降水淋溶，时间一长也易造成钙的累积。

3）防治措施　碱性土壤或施用石灰质肥料过多时，可施用酸性肥料，如硫酸铵、硫酸钾等，也可适当施用硫黄粉。适当增加浇水次数，洗去碱性的钙等。保护地高温干燥时，为防止盐类浓度过高，可在地面铺草防止水分过度蒸发。

（9）镁素缺乏

1）症状　缺镁首先在老叶表现症状。典型症状是叶肉失绿叶缘不失绿，形成"绿环叶"状，严重时，老叶枯萎，全株呈黄色。

2）原因　镁在土壤中是以一种代换性阳离子状态存在的，因此，在阳离子代换吸收中代换性镁不易被固定，容易流失，所以在阳离子代换量较低的酸性土壤上易发生缺镁。再者西瓜对钙、镁这两种元素的需要相同，土壤溶液中可代换性镁比钙多 25% ～ 50%，所以缺镁比缺钙更普遍。镁和钾两种元素，在物质代谢中存在着一定的关系，施钾量充足时使蔬菜生长加快，同时也较多地消耗了土壤中的可溶性镁，会造成镁缺乏。钙肥施用过多而不施用镁肥，也会抑制西瓜对镁的吸收。另外，土壤低温、氮、磷肥过多，有机肥少，都会造成缺镁症。

3）防治方法　增施有机肥。注意氮、磷、钾肥配合，避免偏施氮肥。酸性、碱性土壤要改良。出现缺镁时，及时叶面喷施 1% ～ 2% 硫酸镁溶液。

（10）镁素过剩

1）症状　一般根系发育不良，叶色深绿。镁素过剩时也能发生异常症状。

2）原因　保护地和露地不同，不会受降水影响，因而镁不会流失。连续多施肥易产生盐类浓度障碍，镁对土壤吸附固定能力弱，多数以游离态而存在于土壤溶液中，因此发生镁过剩的可能性极大，但因一般不易表现可见症状，所以不受重视，常常助长了镁过剩症的发生。

3）防治方法　对镁过剩田，在施肥和使用土壤改良剂时一定不能再增加土壤中镁的含量。镁吸收多时，可重施钙肥抑制。在保护地条件下，要多浇水或及早揭膜，通过降水使镁向地下流失，同时要多浇水及通过流水冲洗。镁极度过量时，可种植甜高粱，因其可大量吸收土壤中过量的镁，将镁带出田外。

（11）硫素缺乏

1）症状　首先在幼叶及幼芽出现症状。由于缺硫时蛋白质、叶绿素等合成受阻，故西瓜植株表现为生长受到严重障碍，瘦弱、矮小、侧枝减少，叶片褪绿或黄化，幼叶叶缘有明显的锯齿状"镶金边"，这一点要与杀菌、杀虫剂药害区别开。

2）原因　露地瓜田一般不会出现缺硫症。但在保护地栽培中，由于长期施用无硫酸根的肥料，有缺硫的可能性。

3）防治方法　增施有机肥，施用硫酸铵、硫酸钾等含硫肥料。发生缺硫症状时及时叶面喷施含硫微肥。

（12）硫素过剩

1）症状　土壤中硫素过多将使土壤酸化，产生酸性危害。

2）原因　大量连续施用硫酸铵、过磷酸钙、硫酸钾等含硫化肥，硫酸根多与钙、镁、钠等结合以硫酸盐形式存在于土壤中。另外，在城市郊区的工矿企业附近，由于易受酸雨危害，也会有一定量的硫降落于土壤中，增加土壤含硫量。

3）防治方法　土壤中硫多以硫酸盐状态存在，多数硫酸盐为水溶性，而常出现盐害，因此可按解决盐害办法解决。

（13）硼素缺乏

1）症状　生长点停止，生长发育缓慢，部分叶缘黄化或变褐色，近根部叶片部分失绿，叶片呈降落伞状，并出现水渍状斑。严重缺硼时，植株顶端一部分茎蔓变褐色枯死，不能正常伸蔓结瓜。

2）原因　土壤中硼元素不足，或因干旱土壤中水溶态硼含量少，土壤中含钾、含铵量大等或低温、高温情况下硼的吸收受阻。

3）防治方法　施足基肥，平衡施肥；适时适量浇水；地膜覆盖栽培。生长期喷施硼肥等。

（14）硼素过剩

1）症状　成熟叶片边缘或叶尖出现灼烧干枯，叶背发生褐色斑点或斑块，叶缘枯死呈白色。一般保护地发生较多。

2）原因　一是田间过量施入硼，二是田间流入含硼的工业污水，增加了土壤中硼的含量。

3）防治方法　增施有机肥，降低硼的施用量，杜绝用含硼污水浇瓜。

（15）锌素缺乏

1）症状　首先在下部老叶上出现，表现为叶片叶脉间出现褪绿斑点，叶尖和叶缘黄化，坏死部分增加，呈畸形生长。顶端受害时，出现顶枯现象，叶片变小，节间缩短形成簇生小叶，严重时全株萎蔫。

2）原因　除成土母质为褐色火山土本身就缺锌外，大多数土壤不缺锌，而在土壤 pH 升高呈碱性时，锌变为不可给状态。施磷肥过多，磷酸和锌可生成难溶性化合物，也影响锌的吸收。

3）防治方法　增施有机肥，特别是施用含锌有机肥。切勿过量施用磷肥。注意调节土壤酸碱度，以 pH 6.5 为好。发生缺锌时，可每亩土壤施锌 1～1.2千克；作为应急措施，也可叶面喷 0.3% 硫酸锌溶液。

（16）锌素过剩

1）症状　锌素过剩主要伤害根系，根的生长受抑制。植株矮小，新叶上显现出褪绿黄化，继而在茎、叶柄，叶的下表面出现紫色或红褐色斑点，有时叶脉呈红紫色。

2）原因　距锌矿或以锌为原料的工厂近的地块，易积累较多的锌。水稻田西瓜地也易出现锌过剩。土壤呈酸性时易发生锌过剩。

3）防治方法　增施有机肥，改良土壤。勿过多施用含锌肥料。调整土壤 pH 7.5 左右，使锌变成氢氧化锌沉淀。也可适量增施磷肥，使锌与磷酸离子结合生成难溶态化合物，从而降低锌的有效性。休闲时淹水促进土壤还原。保护地若锌过重可换土。

（17）铁素缺乏

1）症状　首先在幼嫩叶上表现出来，叶内部分首先失绿变成淡绿色，淡黄绿色，黄色甚至白绿色，但叶脉仍绿色，形成网纹。严重缺铁时，叶脉绿色也会变淡或消失，整个叶片呈黄色或白色。

2）原因　石灰性土壤和盐土是易发生缺铁的土壤。一般土壤中都含有大量的铁，但有很多次生原因可导致缺铁，土壤 pH 呈碱性可使土壤中铁不溶化。铜、锰等重金属过剩也可对铁起拮抗作用。磷过剩时磷与铁生成难溶的磷酸铁。土壤过干、过湿、低温等，都可使根系活力降低，减少对铁的吸收，也能导致缺铁症状。

3）防治方法　增施有机肥，土壤有机质对缺铁有活化作用。碱性土壤施用酸性肥料进行改良。避免磷和重金属铜、锰、锌等元素过剩。合理浇水，勿使土壤过干、过湿，特别不要大水漫浇，雨后要及时排出田间积水。出现缺铁症时，可叶面喷施 0.1%～0.2% 硫酸亚铁或氯化铁溶液。

（18）铁素过剩

1）症状　一般不发生，但在施铁肥太多或施用不当，环境条件不良时也能发生铁过剩，其典型症状是叶片上产生褐色坏死斑点。

2）原因　瓜田只要不人为地过量施用铁肥，不会发生铁过剩症。但在土壤湿害或还原性土壤（水改旱）下，由于土壤微生物的活动使土壤中难溶的三价铁变成可溶的二价铁而在土壤中大量积累，也可导致铁过剩障碍。

3）防治方法　施用有机肥，调节土壤 pH 为中性。不要 1 次施用过量的铁肥。合理浇水，勿使土壤过湿或长期积水。出现铁过剩时，可适当增施钾肥，以提高根的活性，增加根际土壤的氧化还原电位，抑制对铁的过量吸收。

（19）铜素缺乏

1）症状　主要是新叶、新梢上表现症状。西瓜缺铜时，叶片失去韧性而发脆，幼叶尖发白，以后干枯，叶上出现坏死斑点，枝条弯曲，枝顶生长停止。即使有充分的水分供应，植株也呈现萎蔫状，生长受抑制。

2）原因　有机质含量高的土壤以及新开垦的泥炭土壤，由于铜不受有机质吸附或螯合，大部分铜被土壤固定。在沙质、砾质土壤中，铜易被淋溶掉，在这些土壤上都易发生缺铜症。

3）防治方法　防治病害时，喷含铜的农药。发生缺铜时，可及时叶面喷施 0.2% ～ 0.4% 硫酸铜溶液。

（20）铜素过剩

1）症状

根部症状。土壤中铜过量时，西瓜吸收的铜主要积累在根部，几乎不向地上部转移，因此首先对根部造成毒害，使根系发育恶化、根的生长严重受阻，须根很少很短，整个根系呈珊瑚状或棘铁丝状，减少了根系对各种营养成分的吸收，使根的吸水能力减弱，有时叶片易萎蔫。严重过剩时，地上部生长发育不良，新叶褪绿，老叶出现坏死斑。

叶部症状。叶部铜过剩，表现为叶片向下卷曲呈杯状，叶片发脆，叶色变暗，生长缓慢等。

2）原因　一是土壤中含铜比较多。土壤中的铜可与腐殖质结合生成螯合物。被土壤无机、有机胶体所吸附。铜也可与土壤中的硫化物等结合变成不溶态的沉淀；还可以以离子态存在于土壤溶液中。土壤中的铜能否变为易为西瓜吸收的有效态，主要取决于土壤有机质的含量、黏土矿物的种类和数量、土壤酸碱度和土壤氧化还原电位等。铜矿和铜加工厂排出的废水，可产生铜过剩。猪粪含铜量大，连续大量施用可造成铜过剩。连续用含铜农药防治西瓜病害可使铜过剩。

3）防治方法　增施有机肥、绿肥等，可使土壤中的铜被固定，降低铜的溶解性，石灰与绿肥并用效果更好。施用石灰性肥料，调节土壤 pH 为 5.5～7，可抑制铜的溶出量。避免连续单一大量施用猪粪。适量施用磷、铁、锌肥，让其发生离子拮抗，可减轻铜过剩障碍。

（21）锰素缺乏

1）症状　表现为嫩叶叶脉间发黄，主脉仍为绿色，叶片产生明显的绿色网状纹。缺锰严重时，老叶片、叶脉也发黄。此外，因缺锰果实内种子发育不全，形成变形瓜。

2）原因　在碳酸盐类土壤或石灰性土壤，以及可溶性锰淋溶性严重的酸性土壤中易发生缺锰。含有机质丰富且地下水位比较高的中性土壤也会缺锰。

3）防治方法　施用有机肥，增加土壤缓冲平衡力、土壤水分保持力，可防止锰缺乏。碱性土壤施酸性肥料，增加土壤中有效锰含量。缺锰田施用含锰肥料，基肥施用氧化锰、硫酸锰。发生缺锰后及时叶面喷施 0.1%～0.3% 硫酸锰液或氯化锰液加 0.3% 生石灰防治。

（22）锰素过剩

1）症状　土壤中锰过多时，叶片上会出现白色斑点，在缺钾的条件下，出现白色斑点的症状更加明显，叶脉变褐及沿脉坏死。施含锰农药过量时，表现生长点停止或缓慢生长，叶片发暗发脆，茸毛坚硬等。

2）原因　有两个方面：一是潜在的锰过剩障碍多与土壤 pH、氧化还原电位、土壤质地、土壤水分状况及有机质含量有关。pH 低的酸性土壤，有效锰较多，易发生锰过剩症。土壤淹水或长期高湿，氧化还原电位低，锰向还原状态转为无效锰状态，土壤有机质可促进锰的还原而增加活性锰。二是叶面喷施含锰的农药较多。

3）防治方法　锰过剩田可施石灰质肥料，改良土壤 pH 7～7.5。施用有机肥，高畦栽培，合理浇灌，做好田间排水。增施磷肥，可抑制对锰的过度吸收，防止发生锰过剩症。对叶片发生的锰过剩，要减少含锰农药的用量，已发生叶片锰过量，可喷磷酸二氢钾等肥料或激素进行缓解。

26. 如何防治地老虎?

（1）危害症状　地老虎属鳞翅目夜蛾科。是一种分布广、危害严重的地下害虫，以幼虫危害幼苗。幼虫咬食小苗时，齐地面咬断嫩茎，造成缺苗断垄，伸蔓以后咬断瓜蔓顶端生长点及叶柄，影响生长发育。老龄幼虫则分散危害，昼伏夜出活动，咬断西瓜根茎，以第一代幼虫危害最重。小地老虎1年繁殖3代，以老熟幼虫和蛹在土壤中越冬。越冬的蛹羽化成蛾。产卵期在3月上旬，4月中旬至5月中旬为第一代幼虫危害盛期。成虫是中型大小的暗褐色蛾子，飞翔力很强，白天藏在土缝、枯叶等处隐蔽，傍晚飞出取食，交尾产卵。卵为馒头形，有刻纹，初产卵为乳白色，以后变成黄色，快孵化时为黑色，卵期8～12天。老龄幼虫体长37～42毫米黄褐色至灰褐色，体两侧颜色较深，体表布满大小不等的颗粒突起。在臀板上有两条深褐色纵带。3龄前的幼虫褐绿色，逐渐变成暗褐色。春季幼虫从4月上旬到5月上旬，在阴雨或土壤湿润的情况下危害瓜苗较为严重，刚孵化的幼虫，昼夜在寄主心叶中取食。3龄以后转入土中，但幼虫怕光，所以白天藏于根际土表内，夜晚出来危害西瓜幼苗。4龄以后常把幼苗齐地面咬断，若遇大苗，则爬到地上部咬断幼嫩部分，并拖入穴中取食，5～6龄为暴食期，食量大，要及时防治，否则将会造成严重缺苗。

（2）防治方法

1）精耕细作　冬前深翻土地，破坏其越冬环境，可使幼虫冻死。早春及早清洁田园，铲除杂草，减少成虫产卵的场所，消灭部分虫卵，并能断绝幼虫早期食料来源。

2）及时消灭幼虫　根据地老虎的生活习性，幼虫在3龄前危害较小，抗药性弱，是防治地老虎的关键时期。推算防治期的最有效办法是成虫高峰期向后推迟30天，根据虫卵的发育进程，当孵化率达80%时，其防治效果最佳。

3）诱杀成虫　利用黑光灯诱蛾，或按红糖3份，酒1份，醋4份，水2份，90%敌百虫0.25份的比例配制糖醋液。配好后放在小盆内，水深保持3～4厘米，将盆设在离地面1米高的三脚架上，白天盖住防蒸发，傍晚开盖诱蛾。每天补充醋和水。一般3～5亩放一盆。

4）应用驱避剂　应用驱避剂——萘，防治地老虎对瓜苗的危害，萘散发出来的气味，能驱避地老虎，起到保护西瓜幼苗的作用。本方法效果好，花钱少，对人畜安全。使用方法是：西瓜出苗后每10千克清水加入1～2粒萘，待萘完全溶解后，喷洒幼苗，也可在移栽时点穴浇"安家水"。采用此法后，在保护地内地老虎7～10天不敢接近西瓜苗，防效在90%以上，露地瓜田降大雨后需再喷1次。

5）利用兔粪驱虫　利用兔粪驱逐地老虎，方法是兔粪1千克，加清水10千克，装入容器中把口封好，沤制15～20天，把粪水浇施到西瓜幼苗上或根附近，兔粪散发的气味，使地老虎不敢接近西瓜幼苗，起到驱虫保苗的作用。这样既能防虫，又给西瓜施了肥，一举两得。

6）利用鲜泡桐叶诱杀地老虎　地老虎对泡桐树的新鲜叶片散发的气味有显著的趋性，在春播西瓜幼苗出土后，8～10米^{2}放1片鲜桐叶，下午放上，次日清晨掀开捉虫，连续3～5天，诱杀地老虎的效果在95%以上。

27. 如何防治蝼蛄?

（1）危害症状　蝼蛄又名拉拉狗、地狗子，属直翅目蝼蛄科，是一种杂食性害虫，农作物、瓜果、蔬菜及其种子等均可受害。蝼蛄的成虫和若虫喜欢吃刚发芽的种子，咬食根部，使幼苗枯死。咬食症状为乱麻状，此可区别于金龟子。有时将幼苗近地面的嫩茎咬成绺维状，有时将幼苗嫩茎咬断，造成缺苗。此外，蝼蛄还在表层土壤穿行成隧道，使幼苗根部失水，致使植株萎蔫死亡。西瓜成熟时，蝼蛄常在瓜下土中栖息，并在瓜的贴地面钻洞啃食，引起果实腐烂。

（2）防治方法

1）精耕细作　土壤深耕，冬耕春耙，以消灭越冬成虫和虫卵，不施用未腐熟的有机肥料。

2）种子处理　播种前，用50%辛硫磷乳油按种子重量0.1%～0.2%拌种，堆闷12～24小时后播种。

3）播种时撒施毒饵　毒饵可用炒香的豆子、玉米糁、麦麸和豆饼、棉籽饼做饵料。豆子煮熟后捞出晾至半干，豆饼或棉籽饼要碾碎。每1千克饵料加入90%敌百虫晶体10克，加水适量拌湿即可。一般在播种或定植前撒入瓜田或苗床，防治效果很好。如果前茬作物是育苗地或豆科作物以及地下害虫较多的地块，可在播种或定植后再撒 1 次。蝼蛄危害严重的苗床，可用 50% 敌敌畏乳油 20 倍液灌洞；或在洞中滴煤油，再浇进清水，杀死成虫。刚出土的瓜苗周围用脚踏实，也可防止蝼蛄危害。

4）诱杀　利用黑光灯或用马粪等诱集捕杀。

28. 如何防治金龟子？

金龟子俗名苍虫、瞎碰等，幼虫叫蛴螬。

（1）危害症状　幼虫在地下活动，食性杂，咬食根部，可直接咬断根或茎，造成幼苗枯黄而死，以后转移危害，同时使病菌、病毒从伤口侵入，引起发病。温度影响幼虫在土中升降，春秋季节到表土层危害，夏季多湿活动性强，尤其是小雨连绵的天气危害最重。

（2）防治方法

1）地膜覆盖　采用地膜覆盖栽培技术，施用充分腐熟的厩肥，可减轻成虫和幼虫危害。

2）翻耕　翻耕土地时捕杀幼虫，用 1.8% 阿维菌素乳剂 4 000 倍液在瓜苗定植时浇在瓜苗根际，能有效地杀死蛴螬。

3）灯光诱杀　用黑光灯诱杀成虫，利用成虫的假死性，于早、晚人工捕杀。

4）药剂处理　30% 精甲霜·噻虫胺·噻呋：水：种子以 1：100：500 配比拌种，或 800 倍液灌根。

主要参考文献

[1] 段继贤. 只给作物施肥喝水 [J]. 农民文摘，2010-08，50-51.

[2] 段敬杰. 瓜果嫁接与栽培 [M]. 郑州：河南科学技术出版社，2003.

[3] 高传昌，吴平. 灌溉工程节水理论与技术 [M]. 郑州：黄河水利出版社，2005.

[4] 郭彦彪，邓兰生，张承林. 设施灌溉技术 [M]. 北京：化学工业出版社，2007.

[5] 金学忠. 浅谈大棚西瓜栽培管理技术 [J]. 大科技，2014（3）：240-241.

[6] 克里斯·贝茨. 保尔红皮书：温室及设备管理 [M]. 北京：化学工业出版社，2008.

[7] 李久生，张建君，薛克宗. 滴灌施肥灌溉原理与应用 [M]. 北京：中国农业科学技术出版社，2003.

[8] 李胜军. 小型西瓜大棚立体栽培技术 [J]. 农业科技通讯，2009（10）：203-205.

[9] 彭世琪，吴勇主. 灌溉施肥初级教程 [M]. 北京：中国农业出版社，2010.

[10] 任海娥. 浅谈塑料大棚西瓜栽培技术 [J]. 农业技术与装备，2015（5）：39-43.

[11] 史宣杰，段敬杰，魏国强，等. 当代蔬菜育苗技术. 郑州：中原农民出版社，2013.

[12] 唐林辉，徐跃明，蒋建英. 小型西瓜大棚高产栽培技术 [J]. 上海农业科技，2004（6）：69-70.

[13] 王文瑞，梁太祥. 西瓜、甜瓜优质高效栽培技术 [M]. 郑州：中原农

民出版社，2006.

[14] 王喜庆. 小型西瓜无公害大棚立体栽培技术 [J]. 中国西瓜甜瓜，2004 (6)：28-29.

[15] 严以绥. 膜下滴灌系统规划设计与应用 [M]. 北京：中国农业出版社，2003.

[16] 张克翠. 滴灌技术的应用 [J]. 农业科技与信息，2009，3:58-59.